MONOGRAPHIE

DE

L'ÉTAGE APTIEN

DE L'ESPAGNE

PAR

H. COQUAND

PROFESSEUR DE GÉOLOGIE ET DE MINÉRALOGIE

MEMBRE DE LA SOCIÉTÉ GÉOLOGIQUE DE FRANCE

PRÉSIDENT DE LA SOCIÉTÉ D'ÉMULATION DE LA PROVENCE ETC.

MARSEILLE

TYPOGRAPHIE ET LITHOGRAPHIE ARNAUD ET Cie

IMPRIMEURS DE LA SOCIÉTÉ D'ÉMULATION

Cannebière, 10

—

1865

MONOGRAPHIE

DE L'ÉTAGE APTIEN

DE L'ESPAGNE

MONOGRAPHIE

DE

L'ÉTAGE APTIEN

DE L'ESPAGNE

PAR

H. COQUAND

PROFESSEUR DE GÉOLOGIE ET DE MINÉRALOGIE

MEMBRE DE LA SOCIÉTÉ GÉOLOGIQUE DE FRANCE

PRÉSIDENT DE LA SOCIÉTÉ D'ÉMULATION DE LA PROVENCE, ETC.

MARSEILLE

TYPOGRAPHIE ET LITHOGRAPHIE ARNAUD ET Cie

IMPRIMEURS DE LA SOCIÉTÉ D'ÉMULATION

Cannebière, 10

1865

PRÉFACE

Depuis plusieurs années, la géologie s'est enrichie de monographies précieuses qui ont eu pour objet d'appeler l'attention des savants sur des régions dont l'étude se recommandait par quelques côtés nouveaux, ou d'éclairer certaines questions restées encore obscures. On prépare, de cette manière, des solutions plus faciles à des problèmes réputés souvent insurmontables, et de plus, on apprend à se familiariser avec la faune de la contrée décrite.

Les Anglais et les Allemands excellent dans ce genre de travaux, et l'on sait les droits que les services rendus par la Société Paléontologique de Londres se sont acquis à la reconnaissance des personnes, auxquelles s'adressent plus spécialement ses utiles publications.

Grâce à l'impulsion imprimée au mouvement géologique par l'initiative de MM. Agassiz, Desor, Favre, Studer, Pictet, Roux, Renevier, de Loriol et plusieurs de leurs émules, qui tous ont bien mérité de la science, la Suisse est devenue aujourd'hui un des coins le mieux exploré et le mieux connu de l'Europe, et c'est aux écrits qui émanent des hommes éminents, que nous venons de nommer, que nous sommes obligés de réclamer des renseignements sur la constitution géologique de nos terrains secondaires.

La France, quoique placée dans une position véritablement privilégiée pour diriger le courant géologique, semble n'arriver qu'en troisième ligne dans la carrière, et il serait injuste d'en faire peser la responsabilité sur les savants qu'elle possède en grand nombre, et dont le mérite égale le désintéressement et le zèle. La cause de cette infériorité relative réside ailleurs et tient à ces deux faits capitaux : la pénurie d'organes de publicité d'abord, et ensuite, l'absence de fortune chez les personnes qui s'occupent de géologie et qui, pour le plus grand nombre, appartiennent à l'enseignement public : d'où il résulte que, lorsque après des sacrifices et des privations de tous genres, un observateur est en possession d'un fait nouveau, la Société savante, dont il est membre et à laquelle il soumet son travail, ou lui marchande les feuilles d'impression, ou lui refuse impitoyablement les planches qui doivent illustrer son texte et le compléter, ou bien lui impose des retranchements qui amoindrissent considérablement son œuvre, s'ils ne la dénaturent en entier.

Aussi, avec les meilleurs matériaux du monde, il serait impossible de trouver en France un éditeur ou les ressources qu'offre en Angleterre, la Société Paléontologique de Londres.

On sait que, malgré sa bonne volonté, la Société géologique de France, quand elle accorde, dans ses Mémoires, l'hospitalité à un travail accepté, lui impose une quarantaine de deux ou trois années, circonstance fâcheuse qui lui enlève tout mérite d'actualité et expose son auteur à se voir devancer par d'autres, dans les pays étrangers.

Cependant, l'opiniâtreté des géologues finit par triompher de ces difficultés, et la Province tient à honneur de suppléer à la lacune que la capitale est insuffisante à combler.

Les Sociétés linnéennes de Normandie et de Bordeaux, la Société d'agriculture de Lyon, la Société d'Emulation du Doubs et beaucoup d'autres que je pourrais nommer, ont, à cet égard, largement compris leur mission, et trouvent des imitateurs dans d'autres départements.

La Société d'Émulation de la Provence, sous les auspices de laquelle a été publié mon grand ouvrage sur la Paléontologie de la région sud de la province de Constantine, a bien voulu continuer son patronage à l'œuvre nouvelle que je livre au public, et qui a pour objet la Monographie paléontologique de l'étage aptien du royaume d'Aragon et des contrées voisines.

Je n'ai marchandé ni mon temps, ni mon argent, pour perfectionner ce travail, autant qu'il était en mon pouvoir. Il est le résultat de trois mois d'études poursuivies à pied à travers les provinces de Teruel et de Castellon de la Plana. Si les documents publiés sur les localités que j'avais à parcourir m'ont offert bien peu de ressources, j'ai trouvé en compensation, dans le bienveillant empressement de D. Rafaële Crespo, concessionnaire à Utrillas, D. Juan Clemente, concessionnaire à Molinos, et D. Vicente Sanchèz de Gargallo, des facilités pour visiter avec fruit des contrées dans lesquelles manquent presque complètement les voies de communication, et où, par conséquent, chaque course géologique menace de prendre les proportions d'une véritable expédition.

Mon unique ambition, pour le moment, est de décrire un seul étage, l'étage aptien, et de faire voir que l'ancien royaume d'Aragon est la contrée où ce terme de la formation crétacée se montre le mieux développé et est en même temps le plus remarquable, au double point de vue des applications industrielles et de ses richesses paléontologiques.

MONOGRAPHIE

PALÉONTOLOGIQUE

DE

L'ÉTAGE APTIEN

DE L'ESPAGNE

INTRODUCTION GÉOLOGIQUE

Les documents les plus importants que nous possédons sur la constitution du terrain crétacé dans la péninsule Espagnole sont dus aux recherches consciencieuses de M. de Verneuil et à celles de ses habiles coopérateurs, MM. Collomb, Triger, et de Lorière. Nous aurons à signaler aussi ceux qui émanent des géologues espagnols, pour montrer à quelles fluctuations a été livrée l'opinion des savants qui se sont occupés de la position à assigner aux lignites crétacés de l'Aragon, dans la série stratigraphique. Il est utile pour cela d'analyser rapidement leurs travaux. Cette revue d'ailleurs ne sera pas sans enseignement, puisqu'elle nous dévoilera une fois de plus combien peuvent être erronées les déductions qu'on prétend tirer de quelques faits de superposition absolue, quand on répudie le concours de la paléontologie, et la témérité des idées systématiques dans lesquelles on se trouve fatalement entraîné, lorsque l'on ne tient pas suffisamment compte de l'indépendance des faunes et de leur interprétation pour asseoir l'ordre chronologique des terrains.

Le problème à résoudre était pourtant de la plus grande

simplicité, grâce aux abondants fossiles que renferme l'étage carbonifère, à leur parfaite conservation et notamment au moyen facile de les nommer, d'après les ouvrages de Fitton, de Forbes, de d'Orbigny et de M. Pictet. Nous verrons en effet que ces fossiles sont exclusivement aptiens, que sur le nombre imposant de 229 espèces que, livré à nos propres forces, il nous a été possible de réunir dans nos excursions à travers la province de Teruel, 69 de ces espèces se trouvent dans l'aptien de la Suisse, que les travaux remarquables de M. Pictet nous ont si bien fait connaître, 59 se retrouvent dans celui de la Provence, 41 dans celui de l'Yonne, 44 dans l'aptien de l'Angleterre et 46 dans celui de l'Algérie; et les fossiles les plus communs, sans tenir compte des espèces nouvelles, appartiennent aux *Nautilus Lallerianus*, Orb., *Ammonites Cornuelianus*, Orb., *A. Gargasensis*, Orb., *A. fissicostatus* Forbes, *A. Dufrenoyi*, Orb., *Ostrea aquila*, Orb., *Plicatula placunea*, Lam., *Heteraster oblongus*, Orb., *Terebratula sella* Sow.

En 1852 (1), MM. de Verneuil et Collomb exposaient, devant la Société géologique de France, le résultat de leurs recherches sur la constitution géologique de quelques provinces de l'Espagne qu'ils venaient de parcourir. Ils signalaient dans le royaume de Valence, au mont Cabrer ou Sierra, près d'Alcoy, à une demie lieue de village de Concentina, la présence des *Belemnites dilatatus*, Blainv., *B. subfusiformis* Blainv., *Ammonites neocomiensis*, Orb., *A. Astieri* Orb., du *Toxaster complanatus*, Desor.

Au-dessus on recueillait les *Ammonites Emerici*, Orb., *Rhychonella lata*, Orb., (R. Gibbsiana, Dav.) et la *Requinia Lonsdalii* Orb.

De l'autre côté de la Peña Golosa, au nord du Royaume de Valence, vers la frontière de l'Aragon et de la Catalogne, les mêmes savants trouvaient à Villahermosa, au milieu des bancs calcaires d'une épaisseur considérable, les *Cerithium Lujani*, Ver., *(C. Heeri*, Pictet et Renev.), l'*Ostrea aquila* Orb., la *Lima Cottaldina* Orb., *(L. parallela* Sow.*)*, et la *Requinia Lonsdalii* Orb.

(1) De Verneuil et Collomb, *Bullet. de la Soc. Géol. de France*, t. X.

Il découle clairement de ce simple énoncé que dans le royaume de Valence, l'étage néocomien, qui correspond aux marnes de Hauterive, supporte l'étage aptien (marnes à Plicatula, lower green sand), en un mot, qu'il y existe les deux étages urgonien et aptien, qui occupent en Espagne la même position relative que dans le reste de l'Europe.

Plus loin (p. 99), MM. de Verneuil et Collomb s'expriment de la manière suivante, en parlant des charbons qu'ils observaient dans la province de Castellon de la Plana : « Nous sommes portés à rapporter au même terrain néocomien qu'à Siete Aguas, qu'à Bellestar près la Puebla de Benifazar, au S.-O. de Tortosa, les lignites plus importants qu'on exploite à Utrillas près de Montalban. »

Cette conclusion est exactement la nôtre, à cette différence près que MM. Verneuil et Collomb les rattachent à l'étage néocomien, tandis que c'est à l'étage aptien que nous les attribuons. Nous avons eu l'occasion de comparer les dépôts combustibles de Bell, de Bellestar, de Benifazar, de Castell de Cabres et de Godall (royaume de Valence), avec ceux d'Utrillas et d'Aliaga (royaume d'Aragon), et il est indubitable que les uns et les autres sont de la même époque. Le *Cerithium Lujani* que citent ces savants et qui, dans la péninsule espagnole, caractérise les bancs lignitifères, est incontestablement aptien. M. Pictet en 1864 (1), a de nouveau décrit et figuré, sous le nom de *C. Heeri*, ce gastéropode, qu'il avait recueilli dans les calcaires à Orbitolites de la Perte du Rhône.

Pendant l'année de 1854, le bulletin de la Société géologique s'enrichissait d'un nouveau travail de MM. de Verneuil et de Lorière (2) sur les mêmes terrains de Valence et d'Aragon ; mais M. de Verneuil y désertait sa première opinion, car les charbons que, l'année précédente, il plaçait dans l'étage néocomien, il les faisait remonter, cette fois, dans celui des grès verts.

(1) Pictet. *Fossiles du terrain aptien*, p. 51, pl. V, fig. 1.

(2) Bulletin de la Soc. Géol. de France. T. XI, p. 65. — *Voyage exécuté en Espagne pendant l'été de* 1553.

Voici ses propres expressions :

« Les montagnes qui entourent Montalban en Aragon, récèlent des couches de bons combustibles connus sous le nom de charbon d'Utrillas, qui appartiennent au terrain crétacé et probablement au grès vert. La plupart des fossiles d'assez bonne conservation que nous y avons recueillis sont nouveaux, à l'exception de la *Turritella Renauxiana* Orbigny, de la craie chloritée. Les couches à lignites qui renferment ces fossiles reposent sur le calcaire à *Requienia Lonsdalii* et à grandes Nérinées qui marquent en général l'horizon supérieur du terrain néocomien. »

Et plus bas il ajoute :

« Les charbons de Torrelapaja sont du même âge ; c'est aussi à la même époque qu'il faut rapporter les dépôts de Castell de Cabres, près de Bell, au Nord du royaume de Valence, et ceux plus pauvres de Siete Aguas à l'E. de Requena sur la route de Madrid à Valence. »

Il résulte de ces citations que les charbons à Utrillas reposent immédiatement au-dessus des bancs à *Chama Lonsdalii*, et que, si la succession des étages s'établit normalement en Espagne comme on l'observe en France, ils doivent nécesssirement être de l'époque aptienne. Pour les introduire dans les grès verts ou en faire l'équivalent de notre étage gardonien, par exemple, on aurait dû, ce nous semble, invoquer quelques arguments à l'appui de cette opinion nouvelle, et établir, comme nous avons tenté de le faire pour la création de notre étage gardonien, ou que les combustibles appartenaient à l'étage rhotomagien; ou bien qu'ils lui étaient supérieurs; or, comme à Utrillas le *Cerithium Lujani* Vern., existe en compagnie de l'*Ostrea aquila*, de la *Lima Cottaldina*, exactement comme à Villahermosa, à Castell de Cabres, à Bell, où M. de Verneuil n'a vu que du terrain néocomien, il conviendrait, si on adoptait l'opinion nouvelle de ce savant, de faire remonter dans les grès verts la faune toute entière.

Ces motifs et la circonstance surtout qu'à Utrillas même on observe les grès verts fossilifères, mais situés bien au-dessus des couches à charbon aptien, ne nous permettent pas de nous ranger à l'avis de M. de Verneuil.

La question d'attribution en était là, lorsque l'attention des capitalistes fut attirée vers la valeur industrielle des puissants dépôts de combustible que renferme la province de Teruel, et naturellement les ingénieurs, chargés de la direction la plus avantageuse à donner aux capitaux, durent procéder, au préalable, à l'étude géologique du bassin dont il importait de connaître la richesse souterraine.

Et tout d'abord il s'est élevé une question préjudicielle, qui consistait à décider si les charbons de Gargallo et d'Utrillas, étaient de la houille ou du lignite. La première opinion a rallié sous le même drapeau MM. Alcibar, Broussez, Madariaga et Tornos : MM. Vilanova et Aldana ont soutenu l'opinion contraire. Les premiers se sont appuyés sur la propriété que possèdent certaines couches de charbon de produire du coke, tandis que les seconds, se fondant sur leur position dans les terrains secondaires, leur ont appliqué la qualification de lignites, sans trop se préocuper de leurs qualités physiques et chimiques. Ce débat, qui tenait à la terminologie, n'avait pas grande importance en réalité; car si, en général, il est reconnu que les combustibles supérieurs au terrain houiller ne jouissent pas de la propriété de se boursouffler au feu et de donner du coke, on sait qu'il faut admettre une exception en faveur des lignites tertiaires de Manosque, dans les Basses-Alpes et de Monte Bamboli, en Toscane, qui se boursoufflent et se cokifient parfaitement, tout comme il est reconnu que certaines houilles maigres sont impuissantes à fournir du coke par la distillation.

Quoiqu'il en soit, M. Alcibar, inspecteur des mines à Zaragoza (1) a entrepris, en 1862, de faire connaître une portion du bassin carbonifère de l'Aragon dans sa monographie du val d'Ariño.

La qualité exceptionnelle des charbons de la province de Teruel a pesé beaucoup sur les opinions émises relativement à l'âge des couches qui les renferment, et pour les

(1) D. Martinez Alcibar. *Monografia geognostica de la cuenca carbonifera de val de Ariño* 1862.

justifier, on n'a pas manqué d'invoquer les terrains antraxifères des Alpes, sans tenir compte du sentiment des géologues qui, avec l'autorité de faits plus précis et mieux observés, ont si fortement ébranlé, pour ne pas dire renversé, une hypothèse hardie, devenue célèbre par la réputation du savant qui lui avait donné crédit. On a réclamé aussi des armes aux écrits de M. Burat, qui, malgré la présence des *Sigillaria*, des *Stigmaria*, des *Lepidodendron* et d'une faune toute houllère, sans mélange d'espèces de l'époque oolithique, admet que, dans la région des Alpes, il existe certainement des anthracites jurassiques, bien plus modernes par conséquent que la houille.

M. Alcibar s'appuie ensuite sur des exemples puisés dans le manuel de géologie de Delabèche, et notamment sur la présence, au golfe de la Spezia, dans le même banc, d'Ammonites, d'Orthocères et de Bélemnites et qu'on peut tout aussi bien rapporter au lias qu'au terrain houiller, sur le mélange cité par M. de Beaumont, en Savoie, de végétaux fossiles du terrain houiller et de Bélemnites et Ammonites jurassiques.

Il est assez curieux de voir se reproduire en 1863 ces opinions étranges et que les auteurs qui les ont émises ont eux-mêmes rétractées. Des anomalies de cette nature se répètent, suivant M. Alcibar, dans la péninsule espagnole et doivent se répéter aussi dans d'autres contrées de l'Europe, puisque d'après M. Boué, le *Cancer Leachii* existe à la fois dans l'argile de Londres et dans les grès verts de la Bavière, la *Cypris faba* dans le système crétacé inférieur et dans le terrain tertiaire. Le *Spatangus arcuarius* du terrain crétacé ne peut se distinguer, si l'on s'en rapporte à Goldfuss, d'une espèce qui vit sur la côte de Guinée. Enfin la *Terebratula rotundata*, espèce vivante, est considérée comme identique à le *T. biplicata* du Jura ; la *Crassatella tumida* des faluns de Grignon existerait dans le terrain de craie.

Des faits analogues existeraient en Espagne : en effet, ajoute M. Alcibar, les géologues étrangers qui ont le plus parcouru les provinces espagnoles, reconnaissent les difficultés qui se présentent pour distinguer les étages dans les terrains secondaires et particulièrement dans l'Aragon, où les terrains jurassiques renferment, sur un même point, les fossiles de divers étages mêlés les uns avec les autres. Dans la petite chaîne d'Arcos qui constitue le versant du N. E. du val d'Ariño, et qui est certainement formée de calcaires jurassiques, les fossiles provenant d'une même couche sont caractéristiques, les uns, du lias inférieur, ceux-ci, du lias moyen, ceux-là, de l'oolithe inférieure, d'autres, de l'oolithe moyenne, d'autres encore, de l'oolithe supérieure, sans compter qu'on en a rencontré plusieurs qui appartiennent à des terrains beaucoup plus antiques, comme certains *Spirifer*, et quelques-uns même au terrain tertiaire, témoin un grand Nautile qui tient implantée dans sa masse une Térebratule de lias.

Les mêmes accidents se reproduisent pour le terrain crétacé de la province de Teruel. En attendant le jour où ces anomalies trouveront leur explication, M. Alcibar ne voit autre chose, au-dessous des couches de charbon, qu'un terrain formé par le calcaire jurassique, et au-dessus du charbon, qu'un terrain qu'il nomme crétacé, sans se préoccuper de ses divers étages. En définitive la conclusion est que, dans la province de Teruel, le charbon est placé entre le *terrain jurassique* et le *terrain crétacé*, sans qu'on puisse citer aucune exception apparente,

Cette conclusion, aucun géologue à coup sûr ne l'acceptera; admettre que les charbons d'Utrillas, qui, dans la région décrite par M. Alcibar, reposent sur le lias moyen, représentent l'intervalle qui se serait écoulé entre le dépôt de la formation oolithique et celui de la craie proprement dite, quand il est démontré qu'entre le lias moyen et les dernières assises jurassiques qui appartiennent à l'étage portlandien, lesquelles se trouvent représentées dans le royaume de Valence et peut être dans la province de Teruel, il existe une épaisseur de couches de quelques mille mètres et neuf faunes ou formations distinctes, ce serait s'insurger contre les lois les plus incontestables et les plus solides de la géologie, et professer que les étages du lias inférieur de l'oolithe, de l'oxfordien, du corallien, du kimméridgien et du portlandien se déposaient, sur toute l'étendue des continents connus, quand dans le même temps et par une exception toute miraculeuse, il se serait déposé du terrain aptien sur un point privilégié du royaume d'Aragon.

Si les études paléontologiques avaient progressé en Espagne autant qu'en France, en Angleterre et en Allemagne, à coup sûr les géologues espagnols n'auraient point réclamé des armes dans des arsenaux surannés comme ceux qui sont indiqués dans les lignes transcrites plus haut. On sait, depuis nombreuses années, que les prétendues Orthocères de la Spezia ne sont autre chose que des alvéoles de Bélemnites et que les idées hasardées par Guidoni et reproduites dans le Manuel de Delabèche ont été victorieusement réfutées par tous les géologues qui ont visité cette localité. C'est depuis longtemps une question enterrée.

L'argument le plus grave mis en avant par M. Alcibar consisterait dans la promiscuité des fossiles de la période jurassique tout entière, et même d'espèces tertiaires dans un même banc, dans la chaîne d'Arcos. Pendant les trois mois consécutifs que j'ai consacrés à l'étude géologique de la province de Teruel, je puis affirmer qu'un fait de ce genre ne m'a jamais été dévoilé, et que la prétendue promiscuité invoquée tient uniquement à une détermination inexacte des fossiles colligés. Ainsi, depuis la chaîne des Arcos jusqu'au-delà de Montalban, d'Utrillas, de Josa, de Muniessa, que j'ai eu l'occasion d'étudier avec la plus grande attention, la formation jurassique m'a paru constituée exactement comme son analogue du midi de la France. Au-dessus des marnes keupériennes, on observe des masses très-puissantes de dolomies sans fossiles, représentant le lias inférieur; plus haut, se développent des calcaires marneux du lias moyen avec *Spirifer rostratus*, Ziet., *Terebratula punctata*, Sow., *T. resupinata*, Sow., *Rhynchonella meridionalis*, Coquand, *Ostrea cymbium*, Orb., *Pecten æquivalvis*, etc., c'est-à-dire une faune exclusivement spéciale au lias moyen.

Ces calcaires supportent à leur tour les argiles du lias supérieur, avec *Ammonites bifrons*, Brug., *A. radians*, Schl., *A. variabilis*, Schl., *A. insignis*, Schübler, etc. La série se termine par un puissant entablement calcaire appartenant à l'oolithe inférieure, et renfermant les *Ammonites*

Humphriesianus, Sow., *A. Brongniarti*, Sow., *Terebratala perovalis, T. Phillipsii*, Dav. Quant au *Spirifer* du terrain de transition, auquel fait allusion M. Alcibar, c'est tout simplement une espèce du lias moyen de la France, et décrite depuis longtemps par M. Buvignier, sous le nom de *S. oxypterus*.

Pour trouver le kimméridgien et l'étage corallien caractérisés par les *Ostrea virgula*, Sow., *Cidaris Blumenbachii*, Goldf., *Hemicidaris crenularis*, Agas., *Apiocrinus Roissyanus*, Orb., et le tout couronné par le même aptien qu'à Utrillas, il est nécessaire de faire le voyage d'Alcala de Chisvert, et de traverser les Atalayas entre cette commune et celle de Salsadella.

Les étages du terrain du lias se montrent si nettement tranchés dans l'Aragon, et les faunes qui les caractérisent sont, à leur tour, si nettement distribuées, chacune à sa place, que je me demande comment il a été possible d'équivoquer sur leur position. A tout géologue qui me prierait de lui indiquer une région classique pour l'étude du lias, c'est l'Aragon que je lui désignerais sans hésitation, comme la province où les superpositions se sont développées avec le plus d'ordre et de simplicité.

S'il est vrai de dire que pour une partie de la province de Teruel, l'étage aptien, avec ses nombreuses couches de combustible subordonnées, repose ordinairement sur le terrain liasique, sans l'intermédiaire d'un étage plus ancien, cette règle ne s'applique plus dans les environs d'Obon et de Josa, où ce même étage, à deux pas d'Ariño et de Montalban, est franchement assis sur l'oolithe ferrugineuse; entre Alcala et Salsadella, il repose sur l'étage kimméridgien.

Mais sans sortir de la province de Teruel, il est facile de s'assurer que, dans le bassin d'Utrillas, à partir de Palomar, les mêmes bancs carbonifères qui, nous le répétons, appartiennent, non pas au terrain néocomien, mais bien au terrain aptien, admettent au-dessous d'eux des assises plus anciennes de plus de 200 mètres de puissance, et au milieu desquelles abondent les *Chama Lonsdalii, Nerinea Archimedis, N. gigantea*, fossiles spéciaux à l'étage urgonien d'A. d'Orbigny. Or, entre les Parras de Martin et Utrillas, l'urgonien s'appuie sur le lias, sans permettre aux assises carbonifères de s'y appuyer. Il en est ainsi dans les districts de Molinos, de Campos, d'Aliaga, et si on poursuit ses explorations jusque dans le royaume de Valence, on ne quitte pas d'un seul instant la formation crétacée de l'Aragon, et là, les calcaires à *Chama Lonsdalii* sont supportés à leur tour par les calcaires néocomiens à *Belemnites dilatatus*. Comme dans ce vaste périmètre les charbons occupent constamment la même position, c'est-à-dire les bancs à Plicatules, il s'ensuit nécessairement que les charbons, au lieu d'être insérés, comme l'écrit M. Alcibar, entre le terrain jurassique et le terrain crétacé, font au contraire partie intégrante de la formation crétacée, et n'en occupent pas même la partie inférieure, puisqu'au-dessous d'eux existent les calcaires à *Chama ammonia*, l'étage néocomien proprement dit, et l'étage valengien, en somme, une épaisseur de couches de plus de 500 mètres.

Pour nous résumer, nous dirons que, dans tout l'Aragon, les formations jurassique et crétacée ne présentent aucune anomalie, que chaque étage est nettement séparé de celui qui le suit et de celui qui le précède, et que chaque fossile se trouve exactement parqué dans son étage, sans jamais empiéter sur la faune voisine. Les seuls points où la confusion des espèces peut s'établir, mais dans le sac du géologue collecteur, c'est, comme cela se vérifie fréquemment, entre Obon et Josa, lorsque les étages du lias moyen et supérieur, qui sont l'un et l'autre marneux, figurent dans un même escarpement, et que l'on opère la récolte des fossiles dans les matériaux éboulés à son pied.

La réputation justement méritée de M. Alcibar m'a fait un devoir de résister aux idées que ce savant a avancées sur une théorie paléontologique, qui, d'un côté, engage gravement les intérêts de la géologie, et qui, de l'autre, ne serait pas sans influence sur les résultats des opérations industrielles. Nous aurons, en effet, à prouver plus tard que les charbons du val d'Ariño et de Gargallo ne sont pas du même âge que ceux d'Utrillas, qu'à la différence d'âge correspondent des qualités spéciales dont il est indispensable de tenir compte; or, comme ces considérations se trouvent intimement liées à des questions de science pure, et, qu'en définitive, c'est à celle-ci qu'est dévolue la mission de procéder à la description anatomique des terrains utiles, pour que la spéculation soit bien fixée sur la valeur relative de leurs divers organes, il eût été dangereux de laisser proclamer des exceptions ou des anomalies là où les choses se passent toutes suivant les règles, et conformément à ce qui a été le mieux observé dans toutes les régions classiques de l'Europe.

Quelques mois après, D. Lucas de Aldana (1), ingénieur en chef des mines de première classe, fut chargé par le gouvernement espagnol de la mission spéciale de visiter les bassins carbonifères de Gargallo et d'Utrillas et de compléter, par conséquent, par une étude comparative, les renseignements coordonnés par M. Alcibar sur le val d'Ariño. Si la désignation des étages admise par ce dernier, au nom de la paléontologie, laisse beaucoup à désirer, comme nous l'avons vu, l'analyse du travail de M. Aldana nous mettra en face d'une confusion plus grande encore.

Cet ingénieur proclame en premier lieu (page 9), que les fossiles qui se rencontrent dans les couches de Gargallo et d'Utrillas qui correspondent, pour la plus grande partie, à l'étage néocomien de d'Orbigny, sont, sur certains points, d'une excessive abondance, et qu'ils offrent plusieurs espèces difficiles à nommer et d'autres entièrement nouvelles. Aussi, pour ce motif, est-il nécessaire d'user de la plus grande circonspection (*mucho detenimiento*) dans leur détermination.

L'auteur cite, dans la partie centrale du bassin d'Utrillas, et surtout au lieu dit Cabezo de los Peregrinos, les fossiles suivants :

Natica bulimoides	Orbigny.	Etage néocomien.
N. ervyna	Orb.	Gault.

(1) Aldana. — *Memoria sobre los depositos carboniferos de Utrillas y Gargallo.* — 1862.

Peterocera pelagi	Brongn.	Néoc. sup.
Cardium Dupinianum	Orb.	Gault.
Cucullæa Gabrielis	Leymerie.	Néocomien.
Arca ligeriensis	Orbigny.	Turonien.
Cyprina bernensis	Orb.	Néocomien.
Panopæa plicata	Orb.	Gault.
P. striata	Orb.	Craie chloritée
Trigonia longa	Orb.	Néocomien.
Pholadomya Rougana	Orb.	Néocomien.
Pholadomya Prevosti	Deshayes.	Néocomien.
P. Marrotiana	Orb.	Craie chloritée.
Venus Galdryna	Orb.	Néocomien.
Requienia Lonsdalii	Orb.	Néoc. sup.

La simple inspection de cette liste, sans tenir compte de quelques déterminations plus que harsardées, et qui seront redressées dans la partie de notre travail réservée à la paléontologie, fera comprendre que dans les calcaires dont parle M. de Aldana, et sur la position desquels nous aurons à revenir, appartiennent à l'étage urgonien de A. d'Orbigny, qui sont stériles, et qui supportent bien réellement, au Cabezo de los Peregrinos même, les charbons d'Utrillas qui sont une dépendance de l'aptien supérieur. La présence de la *Chama Lonsdalii*, et du *Pterocera pelagi*, auxquels on peut ajouter l'*Héteraster oblongus*, l'*Orbitolina lenticularis*, la *Nerinea Archimedis* et la *N. gigantea*, ne peut laisser subsister aucun doute sur la position des couches qui les contiennent, par rapport aux bancs lignitifères qui, je le répète, leur sont immédiatement supérieurs.

M. Aldana cite ensuite, dans le quartier de Collado de Marina, au N.-O. d'Utrillas, dans lequel on recueille, parfaitement détachées de leurs gangues calcaires, les espèces suivantes :

Rhynchonella Renauxiana	Orbigny.	Néocom. sup.
R. depressa	Orb.	Néocom. sup.
R. pecten	Orb.	Gault.

Le quartier de Collado de Marina est situé tout à fait en dehors du terrain crétacé et appartient en plein au terrain du lias qui sert de limite septentrionale au bassin carbonifère d'Utrillas. Nous avons eu l'occasion de visiter à plusieurs reprises cette localité, où l'on peut faire, effectivement, une ample moisson de *Rhynchonella*. Toutefois, les espèces que l'on y recueille ne sont point celles que cite M. Aldana, mais bien les *Rhynchonella tetraedra*, Orb., *R. meridionalis*, Coquand, et *R. subvariabilis*, David., espèces essentiellement caractéristiques du lias moyen, et que l'on retrouve à Montalban, à Josa, à Obon, en un mot, partout où l'on s'élève au-dessus du bassin aptien, et toutes les fois qu'on attaque les terrains qui les supportent. Ces Brachiopodes n'ont rien de commun, comme on le voit, avec les assises aptiennes et moins encore avec le Gault dont il n'existe, à notre connaissance du moins, aucun vestige dans l'Aragon. Au surplus, Collado de Marino nous a présenté, en outre, et en assez grande abondance, les *Pecten æquivalvis* et *Spirifer rostratus*.

Continuons notre examen :

M. Aldana a recueilli dans les couches, qui à Utrillas alternent avec le charbon, et qui, conséquemment, sont supérieures aux calcaires à *Chama Lonsdalii*, les fossiles dont les noms suivent :

Cerithium Lujani	De Vern.	Néocom. sup.
Nerinea Archimedis	Orb.	Id.
Corbula striatula	Sow.	Id.
Trigonia ornata	Orb.	Id.

Ici nous nous trouvons en accord complet avec le savant ingénieur espagnol, et sans discuter trop sur la place précise de la *Nerinea Archimedis*, que, pour notre compte, nous avons trouvée constamment au-dessous des bancs lignitifères, nous reconnaissons que les autres fossiles sont bien dans la position indiquée. Nous ferons remarquer qu'ils sont tous aptiens, le *Cerithium Lujani* de M. de Verneuil, étant le même que le *Cerithium Heeri* de M. Pictet, découvert dans l'aptien de la Perte du Rhône.

Voilà donc trois termes de notre bassin d'Utrillas bien déterminés par les fossiles ; le lias moyen, le calcaire à *Chama Lonsdalii* et l'étage aptien qui renferme les combustibles.

A part le terrain du lias qui n'affleure pas dans le

voisinage immédiat de Gargallo, mais où la formation crétacée se présente (nous ne parlons pour le moment que de l'aptien) dans les mêmes conditions qu'à Utrillas, nous avons constaté, dans le bassin de Gargallo, des éléments paléontologiques identiques à ceux que nous a offerts la première localité.

M. Aldana y cite :

Cerithium Lujani	Verneuil.	Néocom. sup.
Nerinea gigantea	Hombres-Firmas.	Id.
Tylostoma ovatum	Sharpe.	Néocomien.
Narica Geneviensis	Pictet.	Gault.
Trigonia caudata	Agassiz.	Néocomien.
T. carinata	Agassiz.	Id.
T. rudis	Parkinson.	Id.
Cucullæa Gabrielis	Leymerie.	Id.
Arca Passyana	Orb.	Craie chloritée.
Pholadomya solenoïdes	Desh.	Néocomien.
P. Rouyana	Orb.	Id.
Cyprina ervyensis	Leymerie.	Gault.
Panopæa plicata	Orbigny.	Id.
Pecten inæquivalvis	Orb.	Id.
P. Constantii	Orb.	Id.
Lima Cottaldina	Orb.	Néocom. sup.
Ostrea Boussingaultii	Orb.	Néocomien.
Exogyra parvula	Leymerie.	Gault.
Terebratula fava	Orb.	Néocomien.

Nous aurions à critiquer la détermination de la plupart de ces fossiles qui tendraient, s'ils avaient été bien dénommés, à faire supposer que le gault, la craie chloritée, l'aptien et le néocomien sont à la fois représentés à Gargallo, et cela dans les mêmes assises. C'est ainsi, par exemple, que la *Trigonia rudis* devient la *T. Hondaana*, la *Cucullæa Gabrielis* l'*Arca tumida*, etc. L'étude attentive à laquelle nous nous sommes livré des terrains crétacés des environs de Gargallo nous a montré, à leur base, l'aptien inférieur avec Orbitolines et *Nerinea Archimedis*, et au-dessus, l'étage supérieur, avec *Cerithium Lujani*, *Trigonia ornata*, *Terebratula sella*, etc. ; or, il est à remarquer que cet aptien supérieur, qui est le même que celui d'Utrillas, est complétement dépourvu de combustible, et que les charbons que l'on exploite dans le quartier de los Tajos, du Barranco Thomas, à Estercuel, au val d'Ariño et ailleurs, constituent un système nouveau, incontestablement superposé au terrain aptien, et dans lequel prédominent des sables et des grès souillés en rouge par l'oxyde de fer. C'est dans ce système que nous voyons l'équivalent de notre étage gardonien, car c'est au-dessous que s'éteint la faune aptienne, et c'est au-dessus que nous avons découvert l'étage carentonien, avec *Sphærulites agariciformis*, *Caprina adversa*, *Caprina Verneuilli* et *Ostrea flabellata*. Cette classification se vérifie avec avec plus de clarté encore dans le bassin d'Utrillas; en effet, soit à Escucha, soit à Utrillas même, on recoupe la série suivante :

1° Aptien inférieur avec Orbitolites et *Chama Lonsdalii*.

2° Aptien supérieur avec combustibles, *Cerithium Lujani* et *Trigonia ornata*.

3° Sables et grès lignitifères (étage gardonien).

4° Calcaires avec *Sphærulites agariciformis*, *Caprina adversa* (étage carentonien).

Comme les sables supérieurs lignitifères ne nous offrent aucun corps organisé fossile, et qu'il nous a été impossible de trouver, dans la légion des fossiles qui sont tombés entre nos mains, un seul représentant du gault ou de l'étage rhotomagien, nous confessons que ce n'est que par analogie que nous attribuons le numéro 3 à notre étage gardonien, puisque, en Espagne comme dans le département du Gard, il est surmonté par le même étage carentonien.

Ceci dit, laissons parler M. Aldana :

«Comme on peut s'en assurer par les listes précédentes, ce sont, dit cet auteur, les fossiles néocomiens qui prédominent à Utrillas et à Gargallo, et il est digne de signaler la série des diverses périodes géologiques par lesquelles on a fait passer successivement les charbons d'Utrillas, série qui commence au terrain tertiaire inférieur et se termine à l'étage néocomien dans lequel on les place généralement aujourd'hui. Ce n'est donc pas moins de huit étages qu'on les a fait descendre suivant la classification de d'Orbigny. Il doit exister quelques raisons réelles ou apparentes pour expliquer ces appréciations différentes, et elles ne peuvent être attribuées qu'à la présence de fossiles caractéristiques de plusieurs étages qui, en Aragon, se rencontrent plus d'une fois mélangés et accolés les uns aux autres (*revueltos y mesclados unos contra otros*); et cette explication est si vraie, ajoute M. Aldana, qu'on y a observé, rarement il est vrai, quelques fossiles du terrain tertiaire miocène, telle que l'*Ostrea flavellula* et la *Terebratula grandis*, bien qu'on puisse confondre celle-ci avec une autre espèce du néocomien, comme on y cite également des espèces du terrain jurassique et du lias. »

Nous n'ajouterons rien à ce raisonnement, notre intention étant surtout de faire connaître l'opinion des géologues qui ont écrit avant nous sur le terrain aptien de l'Espagne.

M. Aldana écrit (p. 11), qu'en suivant, par le revers de la Cordilière qui sépare le bassin de Montalban, le chemin de Quatro-Dineros, à une faible distance de la première localité, on rencontre en grande abondance les fossiles suivants :

Belemnites canaliculatus, Blainv.,	Lias sup. ou Ool. inf.
Janira atava, Orbigny,	Néocomien.
Ostrea Boussingaultii, Orb.	id.
Lima undata, Deshayes,	id.
L. Cottaldina, Orb.	Néoc. sup.
Plicatula spinosa, Sow.	Lias.
Pinna sulcifiera, Leymerie,	Néocomien.
Venus Vibrayana, Orbigny,	Gault.
Spirifer rostratus, Buch,	Lias moyen.
Rhynchonella tetraedra, Orb.,	Lias moy. et supér.
R. furcillata, Théod.	Lias.
R. variabilis, Schl.,	id.
R. varians, Schl.	Oxfordien.
Terebratula cornuta, Sow.	Lias moy.
T. indentata, Sow.	id.
T. perforata, Pictet,	id.
T. obovata, Sow.	id.
T. globata, Sow.	Ool. inf.
T. perovalis, Sow.	Bajocien.

T. Moutoniana, Orb.	Néoc. sup. et Aptien.
T. albensis, Leym,	Néocomien.
T. sella, Sow.	Néoc. sup.
T. faba, Sow.	Néocomien.
T. Dutempleana, Orb.	Gault.
Corbis cordiformis.	

« Le plus grand nombre de ces fossiles, dit M. Aldana, se trouve dans un bon état de conservation sur un des versants des montagnes de Montalban couvert de pierres libres, et comme ils sont peu dégradés, on doit supposer qu'ils ne viennent pas de loin. Il est raisonnable d'admettre que sur ce point il doit exister à découvert, quelque banc de calcaire liasique ou jurassique, qui jusqu'ici n'a pas été déterminé avec la précision convenable par aucun des observateurs qui ont étudié ce terrain au point de vue scientifique. »

M. Aldana parle ici d'une localité qui nous est bien connue et dans laquelle on recueille en effet, et dans la couche même qui les contient et *non roulés*, une très-grande quantité de fossiles liasiques, en contact presque immédiat avec les assises aptiennes. C'est cette même localité dont M. de Verneuil parle en ces termes (1).

« Tous ces terrains (paléozoïque, triasique, jurassique et crétacé), dirigés du N.-O. au S.-E. se redressent fortement et occupent moins d'espace à mesure qu'ils s'approchent de Montalban, en sorte que, sur ce dernier point, ils sont concentrés dans une *area* très-limitée. La ville même est bâtie sur les gypses et les marnes du trias et sur des calcaires durs à cassure esquilleuse qui représentent le muschelkalk. Derrière et à l'Est, s'élève la montagne où est située la chapelle ruinée de Santa-Barbara. Le sommet en est composé de calcaires durs, compactes, recouverts sur les pentes par des couches plus marneuses où l'on trouve le *Spirifer rostratus*, la *Rhynchonella tetraedra*, la *Terebratula punctata*, le *Pecten æquivalvis*, la *Mactromya liasina* et l'*Harpax Parkinsoni* (*Plicatula spinosa*), caractéristiques du lias moyen. Les couches sont verticales et même renversées, de sorte qu'en descendant au sud vers la vallée,

(1) De Verneuil, *Bulletin de la Soc. Géol. de France*. t. XX, p. 686.

les assises néocomiennes semblent sortir de dessous les calcaires liasiques. Mais les fossiles ne permettent aucune méprise et ils sont parfaitement distincts, quand on les extrait des couches mêmes; le mélange dont parle M. Aldana (*Revista minera*, t. XIV, p. 268), dans une localité voisine, n'a lieu, sans doute, que par suite d'éboulements sur les pentes. »

Voici, à présent, la double solution que propose M. Aldana pour expliquer la position anormale qu'il signale.

« Si ce fait de rencontrer des fossiles du lias ou du jurassique se reproduit en quelque autre point dans la vallée crétacée d'Utrillas, comme cela a été déjà signalé, de quelle manière peut-on comprendre la coexistence sur le même point de fossiles de périodes différentes? L'explication la plus naturelle qu'on puisse donner de ce phénomène consiste à admettre, ou que quelques bancs, lorsque les calcaires liasiques ou jurassiques prirent la position verticale qu'ils occupent en quelque point, restèrent à découvert, à la suite de la dénudation d'assises d'un âge plus récent, ou bien que ces assises ont été dénudées plus tard. Dans l'un et l'autre cas les influences atmosphériques, qui concourent à la dégradation des rochers, principalement au moment des pluies diluviennes, où beaucoup de fossiles roulent sur la proclivité des monts, ont pu arracher ces derniers aux bancs jurassiques et les confondre ensuite avec les coquilles qui appartenaient aux assises crétacées. »

« Si on se refusait à admettre cette explication, il y aurait lieu de supposer, comme j'ai incliné plus d'une fois vers cette opinion, ajoute M. Aldana (p. 12), qu'entre Utrillas et Montalban il s'est reproduit ce qui a été observé plus d'une fois ailleurs, et notamment dans les Alpes, le fait d'une discordance entre l'ordre de superposition des roches et leurs caractères paléontologiques, ainsi que M. Gras l'explique dans son travail inséré dans les Annales des Mines de l'année 1860. »

« De toute manière, dit M. Aldana, en terminant son raisonnement, je crois qu'entre Montalban et Utrillas, il existe plus d'une inconnue à dégager (*mas de una inco-*

gnita por despejar), la solution du problème étant avant tout une question de temps et de patience. »

L'enquête de M. Aldana transformée en un mémoire rendu public, avait pour résultat nécessaire de ramener M. Alcibar dans le débat. Aussi celui-ci, dans un appendice à sa monographie géognostique du val d'Ariño, reprenant la question de stratigraphie, fait observer (p. 75), et avec raison, qu'entre Utrillas et Montalban, se trouve le point où l'on peut voir plus clairement qu'en aucune autre partie de la province de Teruel, l'ordre de superposition des roches. Sur les ardoises siluriennes s'appuient les calcaires jurassiques, sur ceux-ci les terrains carbonifères du bassin d'Utrillas et sur ces derniers le calcaire crétacé de San-Justo y Pastor. Il n'existe aucune discordance entre l'ordre stratigraphique et les caractères paléontologiques des roches, il n'y a donc aucune inconnue à dégager (*incognita por despejar*) ; la confusion existe seulement dans l'enquête et nullement dans les terrains.

Il est fâcheux toutefois, que contrairement à cette excellente conclusion, M. Alcibar persiste, quant à l'âge du terrain aptien carbonifère, à soutenir que « la formation du charbon commença avant la fin de la période jurassique et eut sa fin au principe de la période crétacée ; » ce qui est de tout point inexact.

Complétons ces diverses opinions par celle de D. Lino Peñuelas (1), qui se formule par une liste de fossiles et par des conclusions assez conformes aux précédentes et qu'il est par conséquent impossible d'adopter.

Voici la liste des fossiles :

Exogyra olisiponensis,	Ter. néocomien.
Diceras hispanica,	Formation du grès vert ou Terrain néocomien.
Filistoma Torrubia,	id.
Ostrea columba,	id.
Terebratula octoplicata,	Craie blanche et Craie à Baculites.
Radiolites? Sphærulites?	Terrain crétacé, n° 22 de d'Orbigny.

(1) Statistique de la province de Teruel, p. 68.

En voici la conclusion :

« Par bonne fortune nous avons recueilli des fossiles « en quantité suffisante (*suficientes*), pour pouvoir assurer « que la formation carbonifère d'Utrillas est limitée à sa « partie inférieure par les argiles du calcaire du lias et « par le groupe néocomien à sa partie supérieure. »

Cette conclusion est bien loin, comme on le voit, de se trouver en harmonie avec la signification des fossiles cités.

M. Vilanova est donc dans le vrai (1), quand, après avoir rappelé les opinions de MM. Alcibar et Peñuelas sur la position géologique des charbons dans la province de Teruel, il se plaint du peu d'exactitude qu'on remarque dans les citations de fossiles faites par ces deux ingénieurs, surtout, lorsque dans leurs écrits, ces personnes distinguées et partisans de la paléontologie reconnaissent que l'examen des fossiles fournit la véritable pierre de touche pour la solution des questions de cette nature. Mais pour obtenir ce résultat, il est indispensable d'arriver à des déterminations exactes; car, si ces conditions sont négligées, on peut laisser croire que les terrains et leurs différents étages se trouvent mélangés et confondus.

Fort heureusement, au milieu de ce dédale inextricable, les travaux de notre ami M. de Verneuil, surtout celui contenu dans le t. XI du Bulletin de la Société géologique de France déjà cité, devenaient un fil conducteur précieux et ne semblaient plus attendre que leur auteur attachât lui-même au terrain carbonifère de l'Aragon le nom d'aptien qui n'avait pas encore été prononcé, lorsque, dans le mois de Juin dernier (1), parut une notice intéressante sur le calcaire à *Lychnus* des environs de Ségura.

M. de Verneuil, dans cet opuscule, revenant sur sa première appréciation, établit que les premières couches néocomiennes, qui succèdent au lias, renferment l'*Ostrea Boussingaultii*, la *Lima Cottaldina*, la *Trigonia caudata* et

(1) Statistique de la province de Teruel, p. 82.

(2) De Verneuil, *Bulletin de la Société Géologique de France*. t. XI, p. 634.

la *T. Hondaana*, et qu'elles sont surmontées par l'étage important, au point de vue industriel, des sables et des *marnes avec lignites* qui forment le fond de la vallée d'Utrillas. Tout cet ensemble, comme nous l'avons clairement vu à Aliaga et sur d'autres points (ce sont les expressions propres de l'auteur), est inférieur au calcaire à *Chama* ou à *Caprina Lonsdalii*. C'est par suite d'une illusion produite par un plissement que, lors de son premier voyage, M. de Verneuil avait cru les lignites supérieurs au calcaire à *Chama*.

Et dans une note, ce savant géologue ajoute qu'il s'empresse de corriger l'erreur dans laquelle il était tombé. Supérieurs au calcaire à *Chama*, les lignites auraient appartenu au terrain aptien, tandis qu'inférieurs à ce même calcaire, ils sont véritablement néocomiens.

Cette rétractation de la part d'un géologue aussi exercé que M. de Verneuil s'explique difficilement, car elle heurte de front les faits de superposition les mieux établis. Si dans les environs d'Aliaga et dans la vallée de Guadalupe, les relations d'étages ne peuvent pas être saisies aisément, à cause de la verticalité, et souvent même, du renversement des couches, il n'en est point ainsi dans tout le bassin d'Utrillas, à las Parras de Martin, à Palomar, à Escucha et dans le royaume de Valence, à Bell, à Castell de Cabres, à Bellestar, à Chert, où l'on voit de la manière la plus claire le calcaire à *Chama Lonsdalii* servir de base aux calcaires jaunes à Trigonies, qui sont lignitifères à Utrillas et qui de plus possèdent une faune exclusivement aptienne, et ces derniers supporter à leur tour des sables et des marnes le plus fréquemment avec lignites, qui ne sont plus les lignites inférieurs d'Utrillas, mais bien un deuxième système, lequel étant supérieur à l'étage aptien, ne peut, dans aucun cas, être considéré comme une dépendance du terrain néocomien qui, soit dit en passant, fait absolument défaut dans la province de Teruel.

L'historique précédent indique l'état de la question si vivement controversée des charbons d'Utrillas, à l'époque où j'ai entrepris l'étude de la province de Teruel, et on conçoit que je ne pouvais prétendre au mérite de concilier tant de sentiments opposés, puisque les observateurs déjà nommés n'avaient tous eu en vue qu'un seul et unique étage.

Je pensais avoir eu en ma possession tous les documents édités sur les terrains avec lesquels je venais de faire connaissance, lorsqu'au moment où s'opérait mon retour en France, dans le courant du mois d'octobre dernier, on me montra à Saragosse (1), un travail de M. Vilanova relatif à la province de Castellon de la Plana, voisine de celle de Teruel, et dont le texte était accompagné de trois planches de fossiles, mais qui malheureusement manquent complètement de descriptions. Toutefois ces planches constataient, dans cette dépendance de l'ancien royaume de Valence, l'existence des étages néocomien, urgonien, aptien, du gault, de la craie chloritée, du turonien et même de la craie blanche. Bien que le texte, qui se référait presque exclusivement à une dissertation agronomique, fut tout à fait insuffisant, au point de vue géologique, pour renseigner le lecteur sur l'autonomie réelle de ces étages, le terrain de craie tout entier étant considéré en bloc et sans établissement de subdivisions, je n'ai point osé publier ce présent mémoire, avant d'avoir procédé moi-même à une vérification des lieux, et j'ai consacré à l'exploration du royaume de Valence, une partie des mois d'octobre et de novembre derniers.

A part une plus grande extension que paraissent prendre les calcaires à *Chama Lonsdalii* et les assises à Orbitolites, j'ai retrouvé dans cette contrée les mêmes fossiles et les mêmes relations d'étages que dans l'Aragon, et je ne pense pas encourir le reproche de suffisance, en affirmant que les assises aptiennes constituent la portion la plus élevée de la série de craie. et que l'annonce des étages du gault, de la craie chloritée, du turonien et de la craie blanche ne repose que sur des déterminations inexactes de fossiles. Il n'y a au surplus qu'à jeter les yeux sur les planches de l'ouvrage de M. Vilanova, pour se convaincre que les fossiles indiqués comme appartenant à des horizons différents, ont pour patrie commune la même

(1) Vilanova. *Memoria gognostica-agronomica sobre la provincia de Castellon de la Plana.*

localité et je dois ajouter, le plus souvent, la même couche. J'ai pu vérifier ces faits sur les points visités par le savant professeur de Madrid. En revanche, j'ai eu le plaisir de trouver les étages kimméridgien et corallien dans les Atalaya d'Alcala de Chisvert et dans les montagnes de Chert, là où la carte géologique de M. Botella et celle de M. Vilanova, qui n'est d'ailleurs que la reproduction de la première, n'indiquaient que la formation crétacée.

Je me suis trouvé dans la nécessité de donner pour introduction à la monographie paléontologique de l'étage aptien du royaume d'Aragon, que je livre à la publicité, le résumé des opinions émises par les divers géologues qui s'en sont occupés. Je réserve pour un second travail, que des considérations d'intérêt industriel m'interdisent de rédiger en ce moment, l'exposé des faits relatifs à la géologie pure et à l'orographie, ainsi qu'à l'appréciation des combustibles qui s'y trouvent répandus avec une grande abondance. Je me bornerai donc à consigner brièvement quelques détails sur les divers étages de la craie que j'ai eu l'occasion d'observer dans les provinces de Teruel et de Castellon de la Plana.

Ainsi que je l'ai annoncé plus haut, l'étage néocomien manque dans la province de Teruel et la série crétacée y débute par l'étage aptien.

A. ÉTAGE APTIEN.

Celui-ci est constitué par deux termes bien distincts qui sont, le premier, le calcaire à *Chama Lonsdalii* et correspondant à l'*urgonien* de d'Orbigny, et le second, le calcaire jaune à Trigonies, l'aptien proprement dit.

Les assises à *Chama* débutent par un calcaire grisâtre, à cassure serrée, renfermant en grande abondance les *Chama Lonsdalii, Nerinea Archimedis, N. gigantea, Pterocera pelagi, Orbitolina lenticularis, Ostrea Boussingaultii, Caprina Baylei*, Coq., etc. Ces assises alternent à plusieurs reprises avec des argiles et des grès qui contiennent les *Heteraster oblongus, Echinospatagus subcylindraceus, E. Collegnoyi, E. argilaceus, Ostrea aquila*, de telle sorte qu'on passe, au moyen des transitions les mieux ménagées, du calcaire à *Chama* à l'aptien supérieur, c'est-à-dire au calcaire jaune à Trigonies de M. de Verneuil, sans qu'il soit possible de tracer une limite entre les deux.

Entre Utrillas et les Parras de Martin, on trouve intercalées dans le calcaire à *Chama Lonsdalii,* quelques veines de jayet, et dans la commune de Godall, province de Taragona, on a exploité au même niveau une couche de combustible qui dépasse un mètre d'épaisseur. Sur ce dernier point, la faune aptienne toute entière, *Ostrea aquila, O. Boussingaultii, Heteraster oblongus, Orbitolina lenticularis*, etc., se montre au-dessus et au-dessous du banc attaqué.

Ce calcaire à *Chama Lonsdalii* correspond incontestablement au calcaire à *Chama* du midi de la France (étage urgonien de d'Orbigny). Il devient évident, par la manière dont les choses se passent en Espagne, que cet étage ne peut plus subsister, ni être maintenu comme étage indépendant ; car il renferme les mêmes fossiles que l'aptien proprement dit, et on ne doit guère considérer les grandes accumulations de *Chama*, de *Caprines* et de *Nérinées* que comme un simple accident dans la formation, qui se trouve lié à un concours de conditions favorables au développement des coraux et des coquilles qui vivent dans les mêmes circonstances ou associés avec eux.

Nous voyons au surplus un fait analogue se produire dans le midi de la France, à la Bédoule et à la Sainte-Baume (1), où l'on peut constater l'intercalation, au milieu des marnes aptiennes à *Plicatula placunea* et *Ancyloceras Matheroni,* de bancs calcaires fort épais avec *Chama Lonsdalii.* Si dans la Provence cette alternance n'est qu'un fait accidentel, elle devient générale en Espagne, de sorte qu'il est rationnel de ne voir dans le calcaire à *Chama* de la France et de la Suisse que le début d'un étage sous des conditions spéciales qui ont dû varier pendant le dépôt des assises supérieures de ce même étage, tandis que, dans la péninsule espagnole, ces conditions se sont reproduites pendant la période entière. La communauté des fossiles

(1) H. Coquand. *Description géologique du massif montagneux de la Sainte-Baume*, 1863.

en fait d'ailleurs une loi, et l'on doit trouver notre raisonnement d'autant plus concluant que la *Chama Lonsdalii* a été décrite par M. Forbes sous le nom de *Diceras Lonsdalii* et découverte en Angleterre dans le lower green sand, qui correspond à l'aptien de d'Orbigny.

C'est dans les mêmes conditions qu'en Espagne que se présente le terrain aptien dans la province de Constantine en Algérie. L'on y voit en effet les calcaires à *Chama Lonsdalii* et *Nerinea Archimedis* y alterner avec des argiles et des marnes avec *Orbitolina lenticularis, Ostrea aquila, O. Boussingaultii, Pseudodiadema Malbosi, Salenia Prestensis* et *S. Triboleti*. M. Brossard chargé de la carte géologique de la subdivision de Sétif, a découvert dernièrement la *Trigonia Hondaana* Léa, espèce américaine caractéristique par excellence de l'aptien supérieur de l'Espagne, et qu'il n'a pas hésité à rapporter à l'étage urgonien, parce qu'elle se trouvait associée à la *Nerinea gigantea*. Nous n'en avons pas agi différemment dans notre Description géologique et paléontologique de la région sud de la province de Constantine, malgré les difficultés que nous éprouvions à scinder deux faunes qui par le fait se trouvent mélangées.

Le calcaire à *Chama Lonsdalii* est très-développé dans le royaume de Valence, dans la Catalogne et dans l'Aragon. Les meilleures localités à visiter, dans la province de Teruel, sont celles d'Aliaga, de Santolea, de Santa-Lucia près de Molinos et la vallée d'Utrillas, et partout il y sert de base aux lignites, comme on peut le voir très-clairement au Cabezo de los Peregrinos, à Escucha, à Palomar et à Bell.

Ce qu'il y a de remarquable à noter dans sa distribution géographique, c'est que, dans l'Aragon, l'aptien inférieur ne franchit pas la vallée de Rio-Martin, les montagnes situées sur sa rive gauche, ne renfermant que l'aptien supérieur, sans traces du calcaire à *Chama Lonsdalii*, tout comme dans la même province il repose constamment sur le terrain jurassique sans l'intermédiaire du terrain néocomien, lequel n'est signalé que dans le royaume de Valence ; d'où l'on doit inférer que le sol de l'Aragon était émergé pendant le dépôt des couches à Bélemnites plates et qu'il s'est affaissé successivement, mais sans secousses violentes, pour recevoir, dans sa partie la plus méridionale, l'aptien inférieur (urgonien), et plus tard, l'aptien supérieur dans ses parties septentrionales.

Ainsi nous dirons en nous résumant, que l'étage urgonien doit être supprimé de la nomenclature statigraphique, et que le calcaire à *Chama*, qui le personnifiait, n'a conservé que le seul droit d'être considéré comme un simple sous-étage, et comme un facies particulier de l'étage aptien proprement dit.

L'aptien supérieur consiste en des calcaires ferrugineux, jaunes, sableux et micacifères, que l'on voit très développés entre Josa, Obon, Arcaïne, Oliete, Andorra, Gargallo, Montalban, Lahoz de la Vieja, et qui contiennent une série magnifique de fossiles, parmi lesquels prédominent les *Trigonia Hondaana, T. abrupta, T. longa, T. ornata, T. Picteti* Coq., *T. caudata, T. carinata, T. peninsularis* Coq., *Ammonites Martini, A. fissicostatus, A. Cornuelianus, Nautilus Lallerianus, Heteraster oblongus, Echinospatagus Collegnoyi, Pseudodiadema Malbosi, Salenia prestensis, Ostrea aquila, O. Boussingaultii, Plicatula placunea, Orbitolina lenticularis*. C'est l'abondance de ces Trigonies qui a fait appliquer par M. de Verneuil à cet aptien supérieur la dénomination de *Calcaire à Trigonies.*

Ces calcaires reposent directement sur le lias à Montalban et au Val d'Ariño, et sur le jurassique inférieur à Obon et à Josa. Dans le bassin d'Utrillas leur caractère minéralogique éprouve quelques modifications. L'élément sableux l'emporte sur l'élément calcaire, de sorte qu'on a sous les yeux plutôt un grès calcarifère qu'un calcaire sableux ; mais les fossiles y sont absolument les mêmes qu'à Josa, *Cassiope Lujani, C. Pizcuetana* Coq., *Arca dilatata* Coq., *Trigonia ornata, T. caudata, Plicatula placunea, Ostrea aquila, O. Boussingaultii* et des Polypiers.

C'est dans la commune même d'Utrillas qu'on a constaté la plus grande accumulation de combustible minéral. On y compte jusqu'à dix couches de charbon, dont quelques unes atteignent jusqu'à deux mètres de puissance. On y exploite en certains points le jayet, et le succin a été signalé dans le Val de Conejos. Ce qu'il y a de remarquable dans cette formation carbonifère, c'est l'absence complète de fossiles lacustres ou fluviatiles et la présence exclusive d'espèces marines.

C'est à ce niveau de l'aptien supérieur qu'appartiennent les charbons d'Aliaga et de Bell, de Castell de Cabres (province de Castellon de la Plana). Nous y avons recueilli les *Cassiope Lujani, Trigonia ornata, Ostrea Boussingaultii* et *O. aquila*. Dans cette partie du royaume de Valence les roches aptiennes carbonifères reposent, comme à Utrillas, sur les calcaires à *Caprina* et ne peuvent en être séparées.

Dans le val d'Ariño, à Arcaïne, à Estercuel ainsi qu'à Gargallo les calcaires ferrugineux à Trigonies sont dépourvus de charbon et ce n'est qu'à partir de la vallée d'Utrillas, là où se montrent pour la première fois les calcaires à *Chama* qu'on commence à le rencontrer. Cette antipathie est-elle générale dans tout l'Aragon? je n'oserais l'affirmer ; mais elle s'est vérifiée dans toutes les régions que j'ai eu l'occasion de visiter, et mes études embrassent un très grand périmètre. Nous avons déjà dit qu'il ne fallait pas confondre les lignites de Gargallo avec ceux d'Utrillas, car les premiers appartiennent à l'étage suivant.

B. ÉTAGE GARDONIEN.

Depuis Andorra jusqu'au-delà du Val d'Ariño, en y comprenant les territoires de Crevillen, d'Oliete, d'Alloza, d'Estercuel, de Cañizar, d'Arcaïne, de Gargallo, c'est-à-dire dans les deux bassins désignés par le nom de Val d'Ariño et de Gargallo, on observe, immédiatement superposé aux calcaires aptiens ferrugineux, un puissant étage de sables, de grès et d'argiles fouettés des couleurs les plus vives, parmi lesquelles prédominent le rouge vif et le rouge lie de vin. Cet étage à cause de la friabilité de ses éléments constituants se laisse entamer facilement par les eaux qui l'ont labouré dans tous les sens et sillonné de fondrières profondes. C'est le pays par excellence des barrancos, et la patrie des arbres à essences résineuses.

A la base se développe une assise puissante de marnes bleuâtres, bitumineuses, dans lesquelles il existe plusieurs couches de combustible, atteignant quelquefois la puissance de 3 à 4 mètres, comme dans le Barranco de l'Agua, au-dessous de l'ermitage de N.-S. de l'Olivar. Ce sont aussi ces marnes qui ont été exploitées pour la fabrication de l'alun au Val d'Ariño, à Estercuel, à Gargallo et sur beaucoup d'autres points. Cette industrie est délaissée aujourd'hui, et on ne réclame guère aux concessions que le peu de charbon que nécessite la cuisson de la chaux, du plâtre et des briques dont les localités voisines ont besoin.

La coupe qu'on peut étudier dans la Barranco de Thomas au-dessous de Gargallo, met en lumière la position relative des grès lignitifères et du calcaire jaune à Trigonies, qui leur est inférieur, et qui se montre avec le cortège des fossiles déjà connus au-dessus des assises à Orbitolines. Il demeure donc bien établi que ces combustibles n'ont rien de commun avec ceux d'Utrillas, puisque ces derniers sont enclavés dans le calcaire jaune, tandis que les autres le surmontent.

Il existe, entre la Venta de Cañizar et la ville de Montalban, le village de Cabra, dont les alentours se prêtent d'une manière admirable à l'étude du système dont nous nous occupons en ce moment. Les montagnes qui limitent au N.-O. le vallon, au milieu duquel est bâtie Cabra, appartiennent au terrain silurien sur lequel s'appuient les formations triasique et liasique. Les couches sur ce point sont redressées verticalement ; mais à mesure qu'elles se dirigent vers Quatro-Dineros et Montalban, elles subissent le renversement qu'à signalé M. de Verneuil. L'étage aptien y est seulement représenté par ses bancs supérieurs, sans intermédiaire du calcaire à *Chama*, et il est immédiatement recouvert par les puissants dépôts de sable et de grès bariolés que nous rapportons à l'étage gardonien.

Depuis Cabra jusqu'à la rencontre de Rio-Martin, aux portes même de Montalban, on peut suivre dans une gorge profondément encaissée les affleurements charbonneux qui tranchent, sous forme de rubans noirs, sur le fond des argiles bigarrées qui les encaissent. Sous l'ermitage de Santa-Barbara les grès sont accidentellement opprimés par les calcaires aptiens, grâce au renversement dont nous venons de parler; mais quand, en face de Quatro-Dineros, au lieu de suivre le chemin de Montalban, on remonte vers Palomar par le Barranco Malo, bien que les strates conservent encore une forte inclinaison, les superpositions deviennent normales, et c'est au-dessus du calcaire jaune à *Trigonia ornata*, que se développent les sables et les grès lignitifères.

Au surplus, s'il pouvait subsister la moindre incertitude sur la succession que nous indiquons ici, elle serait immédiatement dissipée par l'étude de la vallée d'Utrillas, où les deux systèmes carbonifères sont représentés dans une même coupe de terrain. En effet, soit à Escucha], soit à Utrillas même, dans le Barranco Saucar, mais surtout à la base des grands escarpements carentoniens de la chaîne de San-Justo y Pastor, au-dessus des mines Diana et Madrileña, il devient de la dernière évidence que les sables et les grès recouvrent en concordance de stratification les calcaires jaunes à *Plicatula placunea*, sans qu'il y ait passage ou alternance entre eux. Toute confusion devient donc impossible.

Avant que cette distinction, —qui s'impose pour ainsi dire d'elle-même, tant elle est commandée par les faits,— eût été établie, on était fort surpris que les bassins du Val d'Ariño et de Gargallo fussent plus pauvres en charbons que celui d'Utrillas, et surtout que les charbons des premières localités fussent moins propres que ceux de la seconde à souder le fer. Cela s'explique tout seul aujourd'hui par cette raison que le système inférieur carbonifère est plus riche et en charbon et en qualité que le système supérieur, et que Gargallo ainsi que le Val d'Ariño ne possèdent que ce dernier, tandis que le bassin d'Utrilas possède les deux.

Malgré de minutieuses recherches, il ne m'a pas été possible de découvrir un seul fossile dans le puissant amas de grès et de sables dont nous parlons. J'en excepte toutefois quelques troncs d'arbres silicifiés assez répandus dans le territoire de Gargallo et à Aliaga, mais d'une interprétation insuffisante pour pouvoir préciser l'âge des couches qui les renferment.

Dans l'état de la question, il nous était impossible de les rapporter à l'étage aptien, puisque les calcaires à Trigonies en représentent les bancs les plus élevés; il fallait donc, de toute nécessité, les attribuer au gault ou bien à l'étage rhotomagien, en se laissant guider par l'ordre de superposition; mais, comme jusqu'ici aucun observateur n'a signalé ni gault ni rothomagien dans aucune contrée de l'Espagne, ou du moins dans les régions dont nous nous occupons, il nous répugnait de les assimiler, sans preuves à l'appui, ou à l'albien ou à la craie de Rouen.

Il nous a paru dès lors plus convenable de leur assigner d'office l'âge des lignites de l'île d'Aix, et de Saint-Paulet dans le Gard, parce que les règles de l'analogie nous en faisaient une loi.

M. de Verneuil, à qui la géologie de l'Espagne est si familière, a été pour nous une autorité de plus, qui a pesé sur notre détermination. Ce savant en effet (1), en compagnie de MM. Collomb et Triger, a recueilli dans les alentours de Portugalete les fossiles suivants :

Sphærulites foliaceus.
Caprina Verneuilli.
Ostrea carinata.

Ces espèces sont rapportées par ces auteurs à la zone à Caprines des Perrais près le Mans, aux couches de l'île d'Aix, de Rochefort et d'Angoulême, donc à notre étage carentonien.

« Quand on a dépassé (p. 358) le village d'Ernani, sur la route de Tolosa à Saint-Sébastien, on voit sur la gauche se dessiner la ligne noire des exploitations de lignites. Quant à leur position stratigraphique, elle est aussi claire que possible. La couche de charbon, qui peut avoir de 6 à 7 pieds d'épaisseur, se trouve dans des argiles sableuses, jaunâtres, qui plongent sous le calcaire à *Requienia lævigata*. Or, ce calcaire correspond à celui qui à Angoulême, à Fouras, etc., contient la *Requienia lævigata*, les *Radiolites foliaceus*, et *polyconilites*, et qui dans

(1) Note sur une partie du pays basque espagnol. — *Bulletin de la Soc. Géol. de France*, t. XVII, p. 333. Séance du 27 février 1860.

l'île d'Aix surmonte les lignites du même âge que ceux d'Ernani, »

M. de Verneuil ajoute plus loin (p. 361), en donnant la classification de la craie : « L'horizon inférieur, qui comprend les schistes, les psammites, les calcaires à *Requinia* et les grès jaunes qui les recouvrent, correspond aux couches de l'île d'Aix et d'Angoulême avec *Requienia lævigata* et *Caprina adversa*. Il n'y a rien de plus ancien dans cette partie de l'Espagne, rien qui représente l'étage néocomien, ni le gault, ni même la craie de Rouen, dont on s'accorde assez généralement aujourd'hui à faire la base de l'étage cénomanien ».

Cette conclusion résultait déjà des études faites par M. de Verneuil (1) aux environs de Santander.

Antérieurement à ces travaux, en 1852, MM. de Verneuil et Collomb (2) publiaient un mémoire sur la constitution géologique de quelques provinces de l'Espagne, dans lequel, tout en rapportant au terrain néocomien les dépôts les plus abondants de lignites, ils reconnaissent cependant comme appartenant au grès vert de France et d'Angleterre, les assises de grès qu'on trouve si développées entre Cuenca et Las Majades, entre Villar del Cobo et Moya, entre Frias et Calomarda, puis à la Muela de San-Juan et dans la profonde vallée du Tage, entre Checa et Beteta : or, c'est dans ces bancs qu'on trouve particulièrement à Uña sur le Jucar, à Guadalaviar, quelques couches de lignite dont les analogues se trouvent dans le nord de l'Espagne, soit dans la province de Santander, soit à Rosas près Reynosa.

Ces grès renferment effectivement l'*Ostrea flabellata*, et ils sont surmontés par des calcaires qui, par leur position, appartiennent à la craie tuffau. Les fossiles qu'on y rencontre sont les *Ostrea flabellata*, *O. columba*, *Hemiaster Fourneli*, *Diadema Roissyi* Desor., *Cyphosoma circinatum* Agas.

Il est donc bien établi, aux yeux de MM. de Verneuil

(1) Del Terreno cretaceo en Espagna. — *Revista minera*, t. III. p. 339, 360 et 464.

(2) *Bulletin de la Soc. Géol. de France*. t. X.

et Collomb, l'existence de deux dépôts de combustible d'âge différent, les uns néocomiens (aptiens pour nous), comme à Utrillas, les autres inférieurs à mon étage carentonien et occupant la même position que mon étage gardonien.

Enfin en 1856 (1), ces mêmes observateurs, dans l'Itinéraire suivi dans le S. E. de l'Espagne, ne mentionnent nulle part l'étage rhotomagien, mais près de Hornillo, dans un torrent tributaire de la rivière de Ségura, ils signalent des couches de combustible qui, sur le plateau accidenté qui sépare cette région de Verpio, sont recouvertes par des couches renfermant la *Requienia lævigata* et le *Radiolites polyconilites*.

Ces mêmes lignites (p. 701) se retrouvent dans la montagne du Yelmo au S. de Ségura.

MM. de Verneuil et Collomb (p. 704) reconnaissent que dans le royaume de Murcie, la formation crétacée est le plus souvent représentée par de puissants calcaires où l'on trouve les *Ostrea columba* et *O. biauriculata*, des Radiolites voisines du *R. polyconilites*, des *Requienia*. Au-dessous on voit souvent affleurer des sables et des grès à lignites. Ces lignites sont analogues par leur position à ceux de l'île d'Aix et les calcaires qui les surmontent représentent la partie inférieure de la craie du S.-O. de la France.

Or, ces grès et ces sables à lignites dont parlent MM. de Verneuil et Collomb, et que nous retrouvons dans la province de Teruel, y sont recouverts à leur tour par les calcaires à *Caprina adversa* et *Sphærulites agariciformis*, ainsi que nous allons le démontrer dans les lignes suivantes.

c. Étage carentonien.

Au-dessus de nos grès gardoniens, on observe un puissant développement de calcaires, marneux à leur base, contenant l'*Ostrea flabellata* et passant insensiblement à des calcaires compactes, de couleur blanche imitant celle du marbre de Carrare et susceptibles de fournir un marbre

(1) *Bulletin de la Soc. Géol. de France*, t. XIII. Séance du 16 juin 1859.

de très-bel effet. Ces calcaires sont littéralement pétris de *Caprina adversa* et de *Sphærulites agariciformis*. Ils forment la corniche si bien profilée de la montagne de San-Just y Pastor qui limite, d'une manière si majestueuse, vers le Sud, le vallon d'Utrillas. Qu'on franchisse cette chaîne par le port de Palomar ou par le chemin d'Escucha à Mesquita, les rudistes se présentent partout avec une abondance extrême. Les blocs éboulés sur les pentes de la montagne en sont remplis, les ruisseaux les entraînent jusque dans le Rio Martin, lequel, à son tour, se charge de les disperser jusqu'au delà de Peñaroja. On peut en faire une ample récolte dans les murs de clôture de toutes les proprietés.

Nous pouvons citer une localité tout aussi riche que celle-ci, dans les montagnes de Crevillen, entre Gargallo et le Pantano. Le fond de la vallée y est occupé par les grès gardoniens; mais à mesure que l'on gravit les escarpements qui dominent le village dans la direction de Los Mases, on voit succéder aux grès, d'abord les calcaires avec *Ostrea flabellata*, puis les calcaires blancs à Caprines et Sphérulites. On peut, en suivant la chaîne vers le sud, marcher constamment sur les rudistes jusqu'au delà de Molinos et de Castellotte.

Il serait impossible de ne pas reconnaître dans cet ensemble de couches l'équivalent de mon étage carentonien, tel qu'il se présente dans la Provence et aux environs de Cognac et d'Angoulême, et dans les sables lignitifères qui leur sont inférieurs, l'équivalent des lignites de l'île d'Aix (Charente), et de Saint-Paulet (Gard).

Il serait superflu, je le pense du moins, de déclarer que je n'attache à l'arrangement que je propose qu'une importance relative. Je serais le premier à me ranger à l'opinion du géologue qui aurait la bonne fortune de rencontrer en Espagne le gault ou le rothomagien. Je conçois difficilement comment ces deux étages pourraient ne pas y être représentés, du moins au point de vue des masses; car, entre l'aptien supérieur et l'étage carentonien, il ne serait pas impossible de découvrir un jour des fossiles se rapportant au gault ou bien à la craie de Rouen.

Je dirai même qu'à Quatro-Dineros et près du village

de Valdeconejos, j'ai observé plusieurs bancs glauconieux, à facies albien, et pétris de bivalves indéterminables dont quelques-unes rappelaient la forme du genre *Thetys*.

Je ne connais rien dans la craie du royaume d'Aragon qui soit supérieur aux bancs à *Caprina adversa*.

En résumé, nos études conduisent à reconnaître, dans la province de Teruel, les étages crétacés suivants :

1° L'étage aptien, comprenant à sa base les calcaires à *Chama*, ou l'étage urgonien de d'Orbigny, dont il est impossible de faire aujourd'hui un étage spécial; à sa partie supérieure, le calcaire jaune à Trigonies, lignitifère à Utrillas, à Aliaga, dans le royaume de Valence et dans la Catalogne, et correspondant aux argiles à Plicatules d'Apt, de Wassy, aux calcaires à Trigonies de Fondouille près de Marseille, aux ciments à *Ancyloceras Matheroni* de la Bedoule, de Cassis, à l'aptien de la Perte du Rhône et au lower green sand des Anglais.

2° L'étage gardonien, représenté par des sables, des grès et des argiles lignitifères.

3° L'étage carentonien, consistant en des calcaires marneux à *Ostrea flabellata* et des calcaires compactes avec *Caprina adversa* et *Sphærulites agariciformis*.

Le terrain néocomien proprement dit à *Spatangus retusus* manque complètement dans la province de Teruel.

Avant de terminer ce simple exposé, qui n'est guère que la préface d'une description plus complète, dont la publication aura lieu ultérieurement, nous ne pouvons nous dispenser de faire ressortir les circonstances particulières et toutes spéciales sous l'empire desquelles se sont déposés les différents étages du terrain de craie dans le midi de la France et dans une partie de la péninsule espagnole. Ces circonstances se réfèrent aux puissants dépôts de combustible qu'on y constate à divers niveaux.

Ainsi l'étage aptien renferme dans l'Aragon au moins dix couches de charbon d'épaisseur et de qualité variable.

L'étage gardonien, possède en Espagne 3 à 4 couches

de charbon, et 7 en France dans le département du Gard.

L'étage provencien, soit à Candelon près de Brignoles, soit dans le massif de la Sainte-Baume, renferme des bancs de jayet avec succin qui ont été l'objet d'une exploitation industrielle.

L'étage santonien (base de la craie blanche), contient au Plan-d'Aups sept couches de lignite,

Enfin le bassin de Fuveau, près de Marseille, que les géologues du midi regardent aujourd'hui comme l'équivalent de la craie blanche de Meudon et de la craie de Maëstricht, est depuis longtemps connu par l'importance de ses exploitations et par le grand nombre de couches de charbon qu'il recèle.

CLASSE DES ANNÉLIDES.

GENRE SERPULA, Linné.

Nous avons recueilli dans l'étage aptien de la péninsule espa-
rois espèces appartenant à ce genre.

1. SERPULA ANTIQUATA, Sowerby.

Synonymie.

Serpula antiquata, Sow., 1820, Min. conch., pl. 598, fig. 5-7.
Idem. Pictet et Renevier, 1854, Paléont. Suisse, Fossiles du terrain aptien de la Perte du Rhône et des environs de Sainte-Croix, p. 16, pl. 1, fig. 9.

Nous avons recueilli cette espèce, dans les couches supérieures de l'étage aptien, à Arcaïne, Obon, Oliete, Utrillas, Josa, Aliaga, au Barranco redondo (Lahoz de la Vieja), province de Teruel, ancien royaume d'Aragon.

Elle existe également en Angleterre et en Suisse, à la Perte du Rhône et aux environs de Sainte-Croix.

2. SERPULA FILIFORMIS, Sowerby.

Pl. II, fig. 3.

Synonymie.

Serpula filiformis, Sow., 1826, in Fitton, Trans. of the géol. Soc., 2e série, t. IV, p. 340, pl. 16, fig. 2.
Idem. Pictet et Renevier, 1854, Fossiles du terrain aptien, p. 17, pl. 1, fig. 10-15.

Les nombreux exemplaires que nous possédons de cette espèce se rapportant exactement aux figures données par MM. Pictet et Renevier, nous avons cru pouvoir nous dispenser de remonter à des descriptions plus anciennes.

Nous l'avons recueillie, dans l'aptien supérieur, à Obon, Gargallo, Arcaïne, Utrillas, Cabra, Aliaga (province de

Teruel), ainsi qu'à Chert, Rosella et Bell (province de Castellon de la Plana).

Elle a été également signalée en Suisse, à la Perte du Rhône, à la Presta et aux environs de Sainte-Croix.

Nous la possédons de l'aptien de la province de Constantine (Algérie).

Explication de la figure.

Pl. II, fig. 3. Exemplaire de grandeur naturelle. De notre collection.

3. Serpula cincta, Goldfuss.

Serpula cincta, Goldf., 1833, Petr. Germ., t. 1, p. 237, pl. 70. fig. 9.
— *quinquangulata*, Roëmer., 1841, Nord-Deutsch. Kreidegeb., p. 101, pl. 16, fig. 6.
— *cincta*, Pictet et Renevier, 1854, Fossiles du terrain aptien, p. 15; pl. 1, fig. 8.

Nous avons recueilli cette espèce dans les assises aptiennes d'Obon et d'Aliaga (Aragon).

On la connaît dans la même position à la Perte du Rhône, en Suisse.

CLASSE DES MOLLUSQUES CÉPHALOPODES.

GENRE BELEMNITES, Agricola.

Nous n'avons recueilli qu'une seule espèce appartenant à ce genre.

4. Belemnites semicanaliculatus, Blainville.

Synonymie.

Belemnites semicanaliculatus, Blainv., Mémoire sur les Belemnites, p. 67 pl. 1, fig. 13.
Idem. Orb., 1840, Pal. fr., Ter. crét., suppl., p. 23. pl. 9, fig. 7-9.
Idem. Duval-Jouve, 1841. Belemnites des terrains crétacés des Basses-Alpes, p. 74. pl. 6, fig. 5-12.
Idem. Orbigny, Paléont. univ., pl. 76, fig. 10-15 et pl. 74, fig. 7-9.

Belemnites semicanaliculatus	Pictet et Renevier, 1854, Fossiles du terrain aptien, p. 19, pl. 3, fig. 1.
Idem.	Pictet et Campiche, 1858, Ter. crét. de Sainte-Croix, p. 101.
Idem.	Coquand, 1862, Descript. géol. et paléontol. de la région sud de la province de Constantine, p. 283.

Nous avons recueilli cette espèce, dans les couches supérieures de l'étage aptien, à Obon et à Josa (province de Teruel), ainsi qu'aux environs de Chert et de Morella (province de Castellon de la Plana), où elle est assez rare.

On la connaît en France aux environs de Gargas et de Marseille, où elle est fort abondante, en Suisse à la Presta, associée, suivant M. Pictet, à la *Plicatula placunea* et à l'*Ostrea aquila*.

Nous l'avons également rapportée de la province de Constantine (Algérie).

GENRE NAUTILUS, Linné.

Deux espèces appartenant à ce genre ont été signalées dans l'aptien de l'Espagne.

5. Nautilus Lallerianus, Orbigny.

Synonymie.

Nautilus Lallerianus,	Orb., 1841, Revue zool. Soc. Cuv., p. 318.
Idem.	Orb., 1842, Pal. fr., Ter. crét., t. 1, p. 620.
Nautilus Saxbianus,	Morris, 1847, Quart. journ. géol. Soc., p. 326.
— *Saxbii,*	Morris, 1848, Annals and Mag. of nat. hist., 2e série, t. 1, p. 106, avec une gravure dans le texte.
Nautilus Lallerianus,	Orbig., 1850, Prod., t. 2, p. 112.
Idem.	Pictet et Renevier, 1854, Fossiles du terrain aptien, p. 170.
Idem.	Pictet et Campiche, 1858, Ter. crét. de Sainte-Croix, t. 2, p. 148, pl. 19, fig. 6.

Nous possédons de cette remarquable espèce, que distingue si nettement son dos aplati bordé par deux carènes, trois exemplaires recueillis à Obon, à Josa et à Arcaïne (province de Teruel), dans les couches supérieures de l'étage aptien.

Elle a été également signalée en France dans les environs d'Auxerre, en Allemagne, en Angleterre, et en Suisse à Sainte-Croix.

6. Nautilus neocomiensis, Orbigny.

Synonymie.

Nautilus neocomiensis,	Orbigny, 1840, Pal. fr., Ter. crét., t. 1, p. 74, pl. 11.
Nautilus squamosus,	Quenstedt, 1846 (non Schloth).
— *radiatus,*	Var. γ, Bronn, 1848, Index pal. nomenclator, p. 796 (non *radiatus*, Sow., non *radiatus* Orbigny).
— *varusensis,*	Orbigny, 1850, Prodr., t. 2, p. 97.
— *squamosus,*	Giebel, 1852, Fauna der Vorwelt, t. 3, Céphalopodes, p. 141.
— *neocomiensis,*	Coquand, 1854, Descrip. géol. de la prov. de Constantine. Mém. Soc. géol. de France, 2e série, t. 5, p. 147.
Idem.	Pictet et Campiche, 1858, Ter. crét. de Sainte-Croix, p. 128, pl. 15.
Idem.	Coquand, 1862, Descrip. géol. et paléont. de la région sud de la prov de Constantine, p. 283.

MM. Pictet et Campiche n'admettent pas l'existence de cette espèce dont le lower chalk, non plus que dans le lower green sand, où elle est citée par les auteurs anglais. C'est bien réellement dans l'étage aptien qu'on la recueille à la Bedoule et à Fondouille dans le département des Bouches-du-Rhône, où elle est très-abondante. C'est dans la même position que nous l'avons nous-même recueillie en Espagne, et M. Brossard dans la province de Constantine. Il est vraisemblable que le *N. Varusensis* Orb., se rapporte au véritable *N. neocomiensis* de l'étage aptien.

Le *N. neocomiensis* a été recueilli par nous à Josa (Aragon), dans les assises supérieures de l'étage aptien.

Il existe dans la même position à la Bedoule, à la Clape (Aude) et en Algérie.

GENRE AMMONITES, Bruguière.

Le nombre des espèces appartenant au genre Ammonite signalé dans l'aptien de l'Espagne atteint le total de vingt, dont quatre nouvelles.

7. Ammonites cornuelianus, Orbigny.

Synonymie.

Ammonites Cornuelianus,	Orbigny, 1840, Pal. fr., Ter. crét., t. 1, p. 364, pl. 112, fig. 1 et 2.
Idem.	Pictet, 1847, Moll. fossiles des grès verts, p. 55, pl. 5, fig. 4.
Idem.	Pictet et Renevier, 1854, Fossiles du terrain aptien, p. 21.
Idem.	Vilanova, 1859, Memoria geognostica-agricola sobre la provincia de Castellon de la Plana, pl 11, fig. 11.

Cette espèce a été recueillie par M. Vilanova et nous, dans l'étage aptien de Cinctorres et de Morella (quartier de la Puritad). Elle existe également en France et en Suisse, à la Perte du Rhône.

8. Ammonites Martinii, Orbigny.

Synonymie.

Ammonites Martinii,	Orb., 1840, Pal. fr., Ter. crét., t. 1, p. 191, pl. 58, fig. 7-10.
Idem.	Forbes, 1845, Quart. Journ. géol. Soc., t. 1, p. 354, pl. 5, fig. 3.
Idem.	Fitton, 1847, Quart. Journ. géol. Soc., t. 3, p. 289.
Ammonites mamillatus,	Giebel, 1852, Fauna der Worvelt, t. 3, p 604.
Ammonites Martinii,	Pictet et Renevier, 1854, Fossiles du terrain aptien, p. 22.
Idem.	Coquand, 1854, Mém. Soc. géol. de France, Description géologique de la prov. de Constantine, t. 5, p. 148.
Idem.	Pictet et Campiche, 1858, Ter. crét. de Sainte-Croix, p 253.
Idem.	Coquand, 1862, Desc. géol. et paléont. de la région sud de la province de Constantine, p. 284.

Nous avons recueilli cette espèce dans les marnes aptiennes supérieures de Josa (Prov. de Teruel).

L'*A. Martinii* est commune en France, en Angleterre ainsi qu'en Suisse.

9. Ammonites furcatus, J. Sowerby.

Synonymie.

Ammonites furcatus,	J. Sowerby, 1836 (in Fitton), Géol. trans., t. 4, p. 339, pl. 14, fig. 17.
— *Dufrenoyi,*	Orb., 1040, Pal. fr., Ter. crét., t. 1, p. 200, pl. 33, fig. 4-6.

Ammonites Dufrenoyi	Quenstedt, 1847, Petr. Deutsch. t. 1. Céph. p. 158, pl. 10, fig. 10.
Idem.	Orbigny, 1850, Prodr., t. 11, p. 65.
Idem.	Orbigny, 1850, Prodr., t. 11, p 114.
Idem.	Pictet et Renevier, 1854, Fossiles du terrain aptien, p. 22.
Idem.	Coquand, 1854, Descrip. géol. de la Prov. de Constantine, p. 149.
— *furcatus*,	Pictet et Renevier, 1858, Fossiles du terrain aptien, p. 171.
Idem.	Pictet et Campiche, 1858, Ter. crét. de Sainte-Croix, p. 217.
— *Dufrenoyi*,	Vilanova, 1859, Memoria geognostica, pl. 11, fig. 6.
Idem.	Coquand, 1862, Descrip. géol. et paléont. de la région sud de la province de Constantine, p. 284.

Cette espèce a été recueillie dans les marnes aptiennes de Cinctorres (province de Castellon de la Plana).

Elle est commune en France et en Angleterre. Elle est citée en Suisse, à la Presta, à Sainte-Croix ainsi que dans l'Algérie.

10. Ammonites crassicostatus, Orbigny.

Synonymie.

A. crassicostatus,	Orb., 1840, Pal. fr. Ter. crét., t. 1, p. 197. pl. 59, fig. 1-4.
Idem.	Vilanova, 1859, Memoria geognostica, pl. 3, fig. 3.

Cette espèce est signalée par M. Vilanova à Cinctorres, province de Castellon de la Plana.

Elle est abondamment répandue dans les marnes aptiennes de Gargas, près d'Apt.

11. Ammonites Nisus, Orbigny.

Synonymie.

Ammonites Nisus,	Orb., 1840, Pal. fr., Ter. crét., t. 1, p. 184, fig. 7-9.
Idem.	Coquand, 1854, Descrip. géol. de la province de Constantine, Mém. Soc. géol. de France, t. 4.
Idem.	Coquand, 1862, Description géol et paléont. de la région sud de la prov. de Constantine, p. 284.

Nous avons recueilli cette espèce à Obon (Aragon), où elle parait être assez rare.

Elle est commune à Gargas. Nous l'avons aussi rapportée de l'Algérie.

12. Ammonites Parandieri, Orbigny.

Synonymie.

Ammonites Parandieri,	Orbigny, 1840, Pal fr., Ter. crét., t. 1. p. 38 fig 7-9.
Idem.	Vilanova, 1859, Memoria geognostica, pl. 3, fig. 5 (*mala*).

Cette espèce est citée par M. Vilanova à Cuevas (province de Castellon), mais c'est avec doute que nous admettons la détermination du savant Espagnol.

En France elle est spéciale au gault.

13. Ammonites Gargasensis, Orbigny.

Synonymie.

Ammonites Gargasensis,	Orb., 1840, Pal. fr., Ter. crét., t. 1, pl. 199, pl. 59, fig. 5-7.
— *Martinii,*	Var., Quenstedt, 1847. Petr. Deutsch., t. 1, Céph., p. 137.
— *Gargasensis,*	Coquand, 1854, Descr. géol. de la prov. de Constantine. Mém. Soc. géol. de France, t. 5, p. 148.
Idem.	Pictet et Campiche, 1858, Ter. crét. de Sainte-Croix, p. 256.
Idem.	Vilanova, 1859, Memoria geognostica, pl. 3, fig. 4 (*mala*).
Idem.	Coquand, 1862, Descript. géol. et paléont. de la région sud de la prov. de Constantine, p. 284.

Cette espèce a été recueillie par M. Vilanova et par nous dans les environs d'Alcala de Chisvert (province de Castellon).

Elle est commune dans les marnes aptiennes de Gargas. MM. Pictet et Campiche la citent dans l'aptien de Sainte-Croix.

14. Ammonites Emerici, Raspail.

Synonymie.

Ammonites Emerici,	Raspail, 1831, Ann. des Sc. d'observ., t. 3, pl. 12, fig. 6.
Idem.	Orb. 1840, Pal. fr., Ter. crét., t. 1, p. 160, pl. 51, fig. 1-3.
Idem.	Coquand, 1854, Descr. géol. de la prov. de Constantine, Mém. soc. géol. de France, t. 5.

Ammonites Emerici.	Vilanova, 1859, Memoria geognostica, pl. 2, fig. 7.
— *Juilleti,*	Vilanova, 1859, Memoria geognostica, pl. 2, fig. 4.
— *Emerici,*	Coquand, 1862, Descrip. géol. et paléont. de la région sud de la province de Constantine, p. 284.

Cette espèce a été recueillie par M. Vilanova à Cinctorres (Prov. de Castellon).

Elle est commune en France.

On la retrouve aussi en Algérie.

15. Ammonites Arnaudi, H. Coquand.

Pl. II, fig. 1 et 2.

Dimensions.

Diamètre : 145 millimètres.
Epaisseur du dernier tour : 92 millimètres.

Coquille globuleuse, épaisse, renflée, non carénée. Spire formée de tours réguliers, épais, très-convexes, carénés vers l'ombilic, où se voient onze à douze tubercules obtus, qui donnent naissance à de larges côtes plates, qui passent sur le dos, lequel est convexe et rond. Bouche transverse, déprimée. Ombilic peu ouvert.

Cette espèce qui, par sa forme globuleuse, rappelle quelques Ammonites de l'étage kimmèridgien, a été découverte par nous à Josa (Aragon), associée à la *Plicatula placunea*, donc dans l'aptien supérieur.

Nous nous faisons un plaisir de la dédier à notre ami M. Arnaud.

Explication des figures.

Pl. II, fig. 1. Coquille réduite aux deux tiers de sa grandeur naturelle. De notre collection.
— fig. 2. La même vue de profil.

16. Ammonites Athos, H. Coquand.

Pl. I, fig. 1 et 2.

Dimensions.

Diamètre : 180 millimètres.
Epaisseur du dernier tour : 90 millimètres.

Coquille discoïdale, tenant le milieu entre la forme renflée de l'*A. latidorsatus* et la forme comprimée de l'*A. Dupinianus*, lisse, ornée de neuf à dix sillons peu profonds, fortement infléchis en avant. Dos rond, large. Spire presque embrassante, composée de tours très-convexes, légèrement aplatis sur les côtés, apparents dans l'ombilic. Bouche plus large que haute, semi-lunaire, fortement échancrée par le retour de la spire.

Les cloisons symétriques sont fortement découpées de chaque côté en un système de lobes et de selles qui, dans les portions où l'on peut les observer sur notre échantillon, ne paraissent pas différer essentiellement de l'*A. latidorsatus*.

Cette espèce ne se distingue de l'*A. latidorsatus* que par sa taille gigantesque, une forme un peu moins renflée et par l'existence de sillons au lieu de côtes dans les portions où le test se montre conservé. Il est à remarquer que l'individu que nous figurons n'a pas encore atteint son entier développement, puisqu'il ne possède pas encore sa dernière loge.

Nous avons découvert l'*A. Athos* dans l'aptien inférieur à *Chama Lonsdalii* et Orbitolites dans le quartier d'Emborro, près d'Alcala de Chisvert (province de Castellon).

Explication des figures.

Pl. I, fig. 1. Coquille réduite aux deux tiers de sa grandeur naturelle. De notre collection.

— fig. 2. La même vue de profil.

17. AMMONITES DIDAYANUS, Orbigny.

Synonymie.

Ammonites Didayanus, Orb., 1840, Pal. fr., Ter. crét., t. 1, p. 360, pl. 108, fig. 4-5.

Idem. Vilanova, 1859, Memoria geognostica, pl. 2, fig. 8.

M. Vilanova, qui a recueilli cette espèce à Cinctorres (Prov. de Castellon), lui assigne comme patrie l'étage néocomien, sans préciser si cet étage correspond aux marnes d'Hauterive, à l'étage urgonien ou bien aux couches aptiennes.

L'*A. Didayanus* se retrouve en France, ainsi que dans l'Amérique méridionale.

18. Ammonites fissicostatus, Phillips.

Synonymie.

Ammonites fissicostatus,	Phillips, 1829, Geology of Yorkshire, p. 123, pl. 2, fig. 49.
Ammonites Deshayesi,	Leymerie, Mém. Soc. géol. de France, t. 3.
Ammonites consobrinus,	Orb., 1840, Pal. fr., Ter. crét., t. 1, p. 147. pl. 47.
Ammonites fissicostatus,	Coquand, 1854, Mém. Soc. géol. de France, t. 5. Descrip. géol. de la prov. de Constantine.
Idem.	Coquand, 1862, Descript. géol. et paléont. de la région sud de la prov. de Constantine, p. 284.

Nous avons recueilli cette espèce à la Conellera près Morella et aux environs d'Alcala de Chisvert (royaume de Valence), ainsi qu'à Obon et à Montalban (royaume d'Aragon).

Elle est commune en France et en Angleterre.

On la retrouve aussi en Algérie.

19. Ammonites Ivernoisi, H. Coquand.

Synonymie.

Ammonites mamillatus,	Pictet et Renevier, 1854, Fossiles du terrain aptien, p. 23, pl. II, fig. 1.

En rapportant cette espèce à l'*A. mamillatus* Schlotheim, MM. Pictet et Renevier ne l'ont fait qu'avec réserve, car ils ont été frappés par les grandes différences que la taille et que l'importance relative et la persistance des tubercules ombilicaux sur les exemplaires qu'ils avaient à leur disposition présentaient avec toutes les variétés connues de l'*A. mamillatus.* La description d'ailleurs ainsi que les dessins donnés par les savants paléontologues Suisses, s'appliquent exactement à l'exemplaire que nous avons rapporté de l'Aragon, où les marnes aptiennes ne sont recouvertes par aucun étage plus moderne de la formation crétacée. On ne peut par ce motif redouter aucun mélange d'espèces aptiennes et d'espèces du gault.

Nous l'avons recueillie à Arcaïne, dans les bancs supérieurs de l'étage aptien.

Elle a été signalée à la Perte du Rhône et à Lancrans, dans la partie supérieure de l'aptien contiguë au gault.

Nous nous faisons un plaisir de la dédier à M. Charles d'Ivernois, un des élèves de M. Agassiz, établi à Alcala de Chisvert et qui a bien voulu s'associer à nos excursions à travers la province de Castellon de la Plana.

20. Ammonites Vilanovæ, H. Coquand.

Synonymie.

Ammonites Beudanti. Vilanova 1859, Memoria geognostica, pl. 2, fig. 10.

Cette espèce, figurée sans description et attribuée par M. Vilanova à l'étage néocomien, appartient incontestablement à l'étage aptien, car nous l'avons recueillie nous-même aux environs de Morella, associée à l'*Heteraster oblongus* et aux Orbitolites, et c'est certainement au même niveau que le savant professeur de Madrid a dû l'observer dans le territoire de Cinctorres.

L'*A. Vilanovæ* est lisse, discoïdale et remarquable par le système très-compliqué des découpures que présentent les parties terminales des cloisons. Nous connaissons peu d'Ammonites dont les selles et les lobes soient entaillés d'une manière plus capricieuse. La figure de M. Vilanova peut en donner une idée. Elle acquiert des dimensions assez considérables. Le diamètre de l'espèce qui est dans notre collection n'a pas moins de 120 millimètres.

21. Ammonites venustus, Phillips.

Synonymie.

Ammonites venustus, Phillips, Geol. of. Yorck., p. 120, pl. 2, fig. 48.

Nous avons recueilli cette espèce à Valdanche, près Alcala de Chisvert (royaume de Valence), dans l'aptien inférieur.

On l'a signalée dans l'aptien de Huelgoland (Angleterre).

22. Ammonites rotula, Sowerby.

Synonymie.

Ammonites rotula.	Sow., 1827, Mém. Conch., t. 6, p. 134, pl. 570, fig. 4.
Idem.	Phillips, 1829, Geol. of. Yorksh., p. 123, pl. 2. fig. 45.

Nous possédons de cette espèce un magnifique exemplaire en calcaire, et dont le diamètre atteint près de 80 millim. Les stries que l'on remarque entre les sillons, dans les jeunes individus, disparaissent chez les adultes. Elle a été recueillie à Alcala de Chisvert, quartier d'Emborro, dans les couches aptiennes à *Heteraster oblongus* et Orbitolites qui alternent avec les calcaires à *Chama Lonsdalii.*

23. Ammonites bicurvatus, Michelin.

Synonymie.

Ammonites bicurvatus,	Michelin, 1838, Mém. Soc. géol, de France, t. 3, pl. 12, fig. 7.
Idem.	Orbigny, 1840, Pal. fr., Ter. crét., t. 1, p. 286, pl. 84.
Idem.	Leymerie, 1846, Statistique géologique de l'Aube, Atlas, pl. 5, fig. 1.
Idem.	Vilanova, 1859, Memoria geognostica, pl. II, fig. 2.

M. Vilanova a découvert cette espèce à Cinctorres (province de Castellon).

Elle existe aussi en France.

24. Ammonites Matheronii, Orbigny.

Synonymie.

Ammonites Matheronii,	Orb., 1840, Pal. fr., Ter. crét., t. 1, p. 148, pl. 48, fig. 1-2.
— *cesticulatus*,	Leym., Mémoire de la Société géologique de France, t. 3.
Idem.	Vilanova, 1859, Memoria geognostica, pl. II, fig. 3.

M. Vilanova a recueilli cette espèce dans le terrain aptien d'Alcala de Chisvert (royaume de Valence).

Elle caractérise l'aptien en France et en Angleterre.

25. Ammonites Feraudianus, Orbigny.

Synonymie.

Ammonites Feraudianus.	Orb., 1840, Pal. fr.. Ter. crét., t. 1, p. 324. pl. 96, fig. 4-5.
Idem.	Orb., 1850, Prodr., t. 2, p. 98.
Idem.	Vilanova, 1859, Memoria geognostica, pl. 2. fig. 9.

Cette espèce a été rapportée à tort par d'Orbigny à l'étage des grès verts dans sa *Paléontologie française*. Dans son *Prodrome* il l'attribue au néocomien inférieur. C'est dans l'aptien même qu'elle existe à Barrême (Basses-Alpes). M. Vilanova, trompé par les indications du paléontologiste français, la cite à son tour dans la craie chloritée (*Creta verde*) d'Alcala de Chisvert, bien que dans toute cette commune on n'observe aucun étage supérieur à l'aptien inférieur.

M. Vilanova l'a recueillie à Alcala de Chisvert.

26. Ammonites Treffryanus, Karsten.

Synonymie.

Ammonites Treffryanus,	Karsten, 1858, geognostischen Verhältnisse des Westlichen Columbien, p. 109, pl. 4, fig. 2.

Cette espèce, découverte en Colombie par M. Karsten, a beaucoup d'analogie avec l'*A. fissicostatus*; seulement elle est plus renflée et ses côtes sont plus épaisses.

Nous en avons recueilli un exemplaire dans l'aptien de Morella, qui se rapporte exactement à la figure et à la description données par le paléontologue allemand.

GENRE HAMULINA, Orbigny.

Ce genre n'est représenté en Espagne que par une seule espèce.

27. Hamulina dissimilis, Orbigny.

Synonymie.

Hamites dissimilis.	Orb., 1842, Pal. fr.. Ter. crét., t. 1, p. 529. pl. 130, fig. 4-7.
Hamulina dissimilis,	Orb., 1849, Prodr., t. 2, p. 102.

Hamites Emericianus,	Orb., 1842, Pal., fr., Ter. crét., t. 1, p. 539 pl. 530, fig. 9-12.
— *dissimilis,*	Vilanova, 1859, Memoria geognostica, pl. II, fig. 1.

Cette espèce a été recueillie par M. Vilanova à Cinctorres.

Elle est signalée dans le terrain aptien des Basses-Alpes. C'est par erreur que d'Orbigny dans dans sa Paléontologie française l'attribue au terrain néocomien inférieur. Cette erreur est d'ailleurs rectifiée dans le *Prodrome.*

GENRE TOXOCERAS.

Ce genre n'est représenté que par une seule espèce.

28. Toxoceras Honoratianus, Orbigny.

Synonymie.

Toxoceras Honoratianus,	Orb., 1840, Pal. fr., Ter. crét., t. 1, p. 483, pl. 119, fig. 1-4.
Idem.	Vilanova, 1859. Memoria geognostica, pl. 3, fig. 2.

La figure donnée par M. Vilanova est trop incomplète pour qu'on puisse être sûr qu'elle se rapporte exactement à l'espèce qu'elle désigne.

M. Vilanova cite cette espèce à Benasal (province de Castellon de la Plana.

CLASSE DES MOLLUSQUES GASTÉROPODES

GENRE TURRITELLA, Lamarck.

Ce genre est représenté dans l'étage aptien de l'Espagne par six espèces, dont quatre sont nouvelles.

29. TURRITELLA CHARPENTIERI, Pictet et Renevier.

Synonymie.

Turritella Charpentieri, Pictet et Renevier, 1854, Fossiles du terrain aptien, p. 29, pl. 3, fig. 3, *a*, *b*.

Nous avons recueilli cette espèce dans les assises supérieures de l'aptien à Chert (royaume de Valence).

Elle a été découverte en Suisse, dans les environs de Sainte-Croix.

30. TURRITELLA TOURNALI, H. Coquand.

Pl. IV, fig. 2.

Dimensions.

Hauteur totale : 35 millimètres.
Diamètre du dernier tour : 9 millimètres.

Coquille très-allongée, composée de tours convexes, un peu renflés au milieu, séparés par une suture bien indiquée, et ornés de cinq côtes longitudinales, régulièrement espacées.

Nous avons recueilli cette espèce dans l'aptien supérieur à Josa (Aragon). Nous la dédions à notre ami M. Tournal.

Explication de la figure.

Pl. IV, fig. 2. Coquille de grandeur naturelle, vue par la face antérieure. De notre collection.

31. TURRITELLA VIDALINA, H. Coquand.

Pl. V, fig. 7.

Synonymie.

Cerithium Vidalinum, Vilanova, 1859, Memoria geognostica, pl. 5, fig. 9.

Dimensions.

Hauteur totale : 10 millimètres.

Coquille très allongée, composée de dix à onze tours convexes, séparés par une suture profonde, ornés de cinq côtes longitudinales régulièrement espacées. Bouche arrondie.

Cette élégante espèce offre à peu près la même disposition de côtes que la *T. Tournali*; mais elle s'en sépare nettement par sa forme grêle et élancée, et surtout par sa très-petite taille, qui, dans les individus adultes, ne dépasse jamais 10 millimètres.

M. Vilanova en a fait un *Cerithium*, et cette qualification est d'autant moins acceptable, que la figure qu'il en donne a la bouche entière, sans canal terminal, et possède par conséquent les véritables caractères du genre *Turritella*. M. Vilanova et moi nous l'avons recueillie dans le terrain aptien de Chert, où elle est fort abondante.

32. Turritella venusta, H. Coquand.

Pl. IV, fig. 9 et 10.

Dimensions.

Hauteur totale : 32 millimètres.
Diamètre du dernier tour : 10 millimètres.

Coquille allongée, composée de tours presque plans, légèrement concaves, tours occupés dans les deux tiers de leur région supérieure par une partie lisse, et dans l'autre tiers, par deux côtes tuberculeuses rapprochées, la plus élevée un peu plus saillante que l'autre, et celle-ci s'appuyant directement sur la suture.

Nous avons recueilli cette élégante espèce dans les assises supérieures de l'étage aptien à Obon et à Josa (Aragon).

Explication des figures.

Pl. IV, fig. 3. Coquille de grandeur naturelle. De notre collection.
— fig. 10. Portion grossie de la même.

33. Turritella pusilla, H. Coquand.

Pl. V, fig. 6.

Dimensions.

Hauteur totale : 12 millimètres.

Coquille allongée, composée de tours plans, vermiculés, séparés par une suture à peine indiquée, ornés de quatre côtes longitudinales, régulières et tranchantes, dont la plus inférieure, qui repose sur la suture, est plus saillante que les autres et légèrement débordante.

Nous avons recueilli cette espèce dans les couches supérieures de l'étage aptien à Utrillas (Aragon).

Explication de la figure.

Pl. V, fig. 6. Coquille de grandeur naturelle. De notre collection.

34. Turritella Fresqueti, H. Coquand.

Pl. IV, fig. 12.

Dimensions.

Hauteur totale : 30 millimètres.
Diamètre du dernier tour : 11 millimètres.

Coquille conique, composée de neuf à dix tours convexes, séparés par des sutures bien indiquées, ornés en long de côtes, ou mieux de plis sinueux s'amincissant vers les sutures et disparaissant dans le dernier tour. Celui-ci est lisse, ou du moins il porte au-dessous de la bouche deux côtes longitudinales, rapprochées et faiblement dessinées. Bouche entière, ronde.

Nous avons recueilli cette espèce dans les assises supérieures de l'étage aptien, à Chert (province de Castellon), où elle n'est pas rare.

Nous la dédions à notre excellent ami M. le professeur de Fresquet.

Explication de la figure.

Pl. IV, fig. 12. Coquille de grandeur naturelle. De notre collection.

GENRE CASSIOPE, Coquand.

Notre genre *Cassiope* comprend le genre *Omphalia* de Zekeli, qui, lui-même, était un démembrement du genre *Turritella*. Le nom d'*Omphalia* ne pouvait être conservé, car il avait été déjà appliqué en 1825 par M. de Haan à un groupe de Nautiles. M. Pictet fait observer en outre qu'il existe un genre *Omphalius*, Philippi, établi en 1847 sur le *Trochus rusticus*, etc.

Ce genre est représenté par six espèces.

35. Cassiope Pizcuetana, H. Coquand.

Pl. III, fig. 1, 2 et 3.

Synonymie.

Pleurotomaria Pizcuetana, Vilanova, 1859, Memoria geognostica, pl. 2, fig. 12.

Dimensions.

Hauteur totale : 104 millimètres.
Diamètre du dernier tour : 47 millimètres.

Coquille épaisse, à spire conique, ombiliquée, composée de tours arrondis au nombre de sept ou de huit, ornés de trois côtes longitudinales, lisses, dont celle qui domine la suture du côté apicial est plus considérable et déborde les deux autres, surtout dans les deux derniers tours. Suture un peu plus profonde que la rigole qui sépare les côtes. Le dernier tour présente, au-dessus de la côte débordante, trois autres côtes plus fines, rapprochées et équidistantes.

Bouche entière, grimaçante, étroite, comprimée par un large pli médian qui s'atténue graduellement et disparaît complétement vers le tiers du dernier tour, plus étroite que celui-ci. La coquille, surtout vers la région buccale, présente de faibles stries d'accroissement, infléchies en arrière dans leur milieu.

La figure 3 représente une variété de la même espèce, beaucoup plus allongée, à côtes moins débordantes, et dont le dernier tour présente très-prononcé le rétrécissement vers la suture, caractère qui semble être spécial à l'ancien genre *Omphalia*.

Cette espèce se distingue très-facilement, par sa grande taille et par la disposition de ses côtes, de toutes les *Cassiope* connues.

On ne saurait en aucune manière la rapporter au genre *Pleurotomaria*, car sa bouche est entière et ne présente aucun sinus.

Cette remarquable espèce est fort abondante et caractérise, pour ainsi dire, la partie supérieure de l'étage aptien de la péninsule espagnole.

Nous l'avons recueillie à Barrabassa, près d'Andorra, à Oliete, Arcaïne, Obon, Josa, Gargallo, Cabra, Palomar, Escucha, Aliaga (province de Teruel).

M. Vilanova la mentionne à Cinctorres (Province de Castellon). Nous l'avons retrouvée à Chert, à Bell et dans les environs de Morella.

Explication des figures.

Pl. III, fig. 1. Coquille de grandeur naturelle, vue du côté de la bouche. De notre collection.
— fig. 2. La même vue par la face opposée.
— fig. 3. Variété plus allongée.

36. Cassiope Helvetica, H. Coquand.

Pl. III, fig. 4.

Synonymie.

Turritella Helvetica.	Pictet et Renevier, 1854. Fossiles du terrain aptien, pl. 3, fig. 2, *a*, *b*, *c*.
Idem.	Pictet et Campiche, 1862. Ter. crét. de Sainte-Croix, t. 2, p. 317.

Dimensions.

Hauteur totale : 76 millimètres.
Diamètre du dernier tour : 25 millimètres

Coquille épaisse, à spire conique, composée de tours plats, et même un peu concaves, lisses, ou présentant de faibles stries d'accroissement infléchies en arrière dans leur milieu; suture peu profonde, bordée par un cordon peu saillant, mince, qui forme une espèce de carène continue, légèrement dentée, par laquelle se termine le côté buccal. Le dernier tour présente un rétrécissement sous forme de gouttière dans le voisinage de la suture. La face buccale de celui-ci est arrondie, et porte deux côtes assez minces. Bouche entière, un peu étranglée vers le milieu de sa région extérieure.

La coquille était ornée, pendant la vie, de flammules noires rapprochées, transversales et légèrement sinueuses dans le voisinage de la suture, qui ont persisté dans quelques exemplaires.

Nous avons recueilli cette espèce à Utrillas, dans l'aptien supérieur, associée à la *C. Lujani*. Elle a été signalée dans la même position aux environs de Sainte-Croix.

Explication de la figure.

Pl. III, fig. 4. Coquille de grandeur naturelle. De notre collection.

37. Cassiope turrita, H. Coquand.

Pl. III, fig. 5 et 6.

Dimensions.

Hauteur totale : 75 millimètres.
Diamètre du dernier tour : 23 millimètres.

Coquille à spire conique, turriculée, composée de tours légèrement excavés dans leur partie centrale et disposés en gradins les uns au-dessus des autres, chaque tour étant terminé par une carène saillante qui déborde au-dessus de la suture. Les tours sont lisses ou présentent de faibles stries d'accroissement infléchies en arrière dans leur milieu. La face buccale du dernier tour est arrondie et porte deux côtes légères. Bouche entière, un peu comprimée vers le milieu de sa région extérieure.

Cette espèce, qui offre beaucoup d'analogie avec la *C. Helvetica*, s'en distingue par la forme étagée de ses tours.

Nous l'avons recueillie dans l'aptien supérieur à Aliaga (royaume d'Aragon).

Explication des figures.

Pl. III. fig. 5. Coquille de grandeur naturelle vue du côté de la bouche. De notre collection.
— fig. 6. La même vue par la face postérieure.

38. Cassiope Lujani, H. Coquand.

Pl. IV, fig. 1-5.

Synonymie.

Cerithium Heeri. Pictet et Renevier. 1854, Fossiles du ter. aptien p. 51 et 174, pl. 5, fig. 4, *a*, *b*.

Cassiope Lujani, de Verneuil, 1854, Bull. Soc. géol. de France, t. 10, p. 102, pl. 3, fig. 17.

— *Luxani*, Vilanova, 1859, Memoria geognostica, pl. 3, fig. 7.

— *Heeri*, Pictet et Campiche, 1861, Ter. crét. de Sainte-Croix, t. 2, p. 286.

Cette espèce présente plusieurs variétés dont nous donnons successivement la description.

A. *Varietas crassa*, pl. IV, fig. 1 et 2.

Dimensions.

Hauteur totale : 60 millimètres.
Diamètre du dernier tour : 25 millimètres.

Coquille turriculée, à spire régulière, composée de de dix à onze tours, légèrement enfoncés vers les sutures, ornés de deux lignes longitudinales de tubercules, les plus gros situés sur le bord spiral et formant saillie au-dessus de la suture, les plus petits, un peu plus nombreux et formant un cordon granulé en contact avec la suture du côté buccal. Intervalle des tours entre les deux rangées de tubercules, lisse ou bien marqué par des stries longitudinales très-fines, qui sont coupées par des stries d'accroissement plus prononcées, présentant dans leur milieu une forte sinuosité dirigée en arrière. Le dernier tour prend un développement considérable. La rangée des gros tubercules se projette en saillie au-dessus des tours inférieurs, dont elle est séparée par un étranglement de la suture; elle supporte une région lisse, creusée en gorge de poulie, que surmontent trois carènes onduleuses parallèles aux autres qui s'atténuent vers la bouche. Sur ce dernier tour les stries d'accroissement se montrent plus rapprochées et même rugueuses. Elles sont très-sinueuses et dirigées en arrière. Bouche entière, déformée sur le bord externe où elle se rétrécit vers le milieu du tour.

B. *Varietas lævigata*, Pl. IV, fig. 3 et 4.

Dimensions.

Hauteur totale : 58 millimètres.
Diamètre du dernier tour : 20 millimètres.

Coquille allongée, turriculée, composée de dix à onze

tours plans, séparés par une suture qui, sans être profonde, est franchement indiquée, et ornée de deux lignes longitudinales de tubercules; les plus gros situés un peu avant le bord spiral, les plus petits tendant à former une carène continue et en contact avec la suture du côté buccal. Le dernier tour porte à sa partie supérieure deux carènes onduleuses.

La bouche présente la même conformation ainsi que les stries d'accroissement que nous avons signalées dans la variété précédente.

Cette variété correspond évidemment au *Cerithium Heeri* de MM. Pictet et Renevier, au *C. Lujani* de M. de Verneuil et au *C. Luxani* de M. Vilanova.

C. *Varietas nodosa*, Pl IV, fig. 5.

Dimensions.

Hauteur totale : 59 millimètres.
Diamètre du dernier tour : 20 millimètres.

Cette variété ne diffère de la précédente que par les plus fortes proportions qu'acquièrent les rangées de tubercules que l'on observe de chaque côté de la suture des tours, et grâce auxquelles la surface de la coquille prend une apparence pustuleuse. La *Cassiope Lujani* a été considérée par MM. Pictet, Renevier et de Verneuil, comme un *Cerithium*, les exemplaires que ces savants avaient à leur disposition étant dépourvus de leur bouche et ne pouvant par conséquent fournir les éléments nécessaires pour l'établissement du genre auquel ils appartenaient. Plus heureux dans nos recherches, nous avons recueilli des individus d'une parfaite conservation, qui nous ont permis de reconnaître dans ces coquilles, malgré les nombreuses variétés qu'elles présentent, le grand genre *Turritella*, dont les *Cassiope* sont un démembrement.

Cette espèce est fort répandue dans les couches supérieures de l'étage aptien de la péninsule espagnole. Nous l'avons recueillie à Utrillas, au Barranco Malo (Palomar), à Escucha, à Montalban, à Cabra, à Obon, à Josa, à Arcaïne, à Oliete, à Aliaga (Aragon), ainsi qu'à Bell et à Castell de Cabres, dans le royaume de Valence. Elle est surtout commune à Utrillas au milieu des bancs de charbon et à Bell, où elle forme lumachelle sur une épaisseur de quinze à vingt centimètres. M. de Verneuil la cite à la Venta de la Mina près Siete Aguas, entre Requena et Buñol, à la Peña Golosa et à Peña del Salto, entre Cortès et Rubielos.

Explication des figures.

Pl. IV, fig. 1. Coquille de grandeur naturelle, vue du côté de la bouche. De notre collection.
— fig. 2. La même vue par la face opposée.
— fig. 3. Variété allongée, vue du côté de la bouche.
— fig. 4. La même vue par la face opposée.
— fig. 5. Variété noduleuse, vue du côté de la bouche.

39. Cassiope Picteti, H. Coquand.

Pl. IV, fig. 6 et 7.

Dimensions.

Hauteur totale : 58 millimètres.
Diamètre du dernier tour : 15 millimètres.

Coquille allongée, turriculée, composée de onze à douze tours plans, ornés de deux lignes longitudinales de tubercules d'égale dimension, et généralement petits et rapprochés. Ces deux lignes occupent le milieu de chaque tour, avec une tendance, pour la supérieure, à se rapprocher de la suture du côté buccal. Le dernier tour est séparé des autres par un étranglement qui se produit à la suture et il porte à sa partie supérieure deux ou trois carènes noduleuses. Bouche entière et légèrement déprimée vers le bord externe.

Cette espèce offre beaucoup de ressemblance avec la *C. Lujani* (*V. lævigata*) Coquand; mais elle s'en sépare toujours par sa forme plus grêle et surtout par la position des lignes des tubercules qui occupent la région médiane des tours, tandis que dans celle-ci elle circonscrit les sutures. Nous possédons de cette espèce une série remarquable et dans laquelle ces caractères sont constants. Nous l'avons recueillie à Utrillas (Aragon), associée à la *C. Lujani*.

Nous nous faisons un plaisir de la dédier au savant auteur de la Paléontologie Suisse.

Explication des figures.

Pl. 4, fig. 6. Coquille de grandeur naturelle, vue du côté de la bouche. De notre collection.
— fig. 7. La même vue par la face opposée.

40. Cassiope Renevieri, H. Coquand.

Pl. IV, fig. 8.

Dimensions.

Hauteur totale : 50 millimètres.
Diamètre du dernier tour : 22 millimètres.

Coquille turriculée, à spire régulière, composée de dix ou onze tours étagés en gradins, ornés de deux côtes longitudinales dont l'une plus saillante est contiguë à la suture qu'elle déborde, et l'autre moins prononcée occupe la moitié du tour, qui est lisse dans les intervalles. Ces côtes deviennent raboteuses chez quelques individus.

Le dernier tour, qui à lui seul représente à peu près la moitié de la hauteur de la coquille, est séparé des autres tours par un étranglement; il porte à sa partie supérieure trois carènes parallèles entre elles qui s'atténuent vers la bouche. Sur ce dernier tour les stries d'accroissement sont bien indiquées et se présentent sous forme de sinuosités dirigées en arrière. Bouche entière, déprimée vers le milieu du tour.

Cette espèce, par sa forme plus courte et plus renflée, ainsi que par la disposition de ses côtes, se sépare très-bien des *C. Lujani* et *C. Picteti* dont elle rappelle la physionomie. Nous prions M. Renevier de vouloir bien en agréer la dédicace.

Nous avons recueilli la *C. Renevieri* dans le terrain aptien de Chert et de Morella (royaume de Valence).

Explication de la figure.

Pl. IV, fig. 8. Coquille de grandeur naturelle. De notre collection.

GENRE NERINEA, Defrance.

Ce genre est représenté par cinq espèces, dont trois nouvelles.

41. Nerinea clavus, H. Coquand.

Pl. V, fig. 1 et 2.

Synonymie.

Nerinea Royeriana, Vilanova, 1859. Memoria geognostica, pl. 3, fig. 2.

Coquille très-allongée, presque cylindrique, non ombiliquée, formée d'un angle très-convexe. Tours de spire assez hauts, légèrement crénelés dans leur partie centrale, ornés transversalement de quatre séries de côtes interrompues, de manière à représenter des séries de petits tubercules parallèles les unes aux autres. Les tubercules de la deuxième et de la quatrième rangée, à partir du bas, sont un peu plus gros que ceux de la première et de la seconde. La suture est placée au milieu d'une petite corniche saillante, formée par la juxtà-position de deux tours contigus et finement crénelés.

Cette espèce se rapproche beaucoup, par sa forme extérieure, de la *N. pulchella*, Orb.; mais elle s'en distingue très-nettement par les ornements qui ornent sa coquille, tandis que celle-ci est complètement lisse.

M. Vilanova a confondu la *N. clavus* avec la *N. Royeriana*, Orb. Cette dernière n'appartient pas à l'aptien, mais bien à l'étage néocomien.

Cette espèce a été recueillie par nous à Utrillas (Aragon), et par M. Vilanova et nous à Chert (royaume de Valence), dans l'aptien supérieur.

Explication des figures.

Pl. V, fig. 1. Coquille de grandeur naturelle. De notre collection.
— fig. 2. Fragment grossi.

42. Nerinea Galatea, H. Coquand.

Pl. V, fig. 3.

Coquille peu allongée, conique, lisse, non ombiliquée,

composée de tours très-étroits, très-rapprochés, creusés dans leur centre en gorge de poulie, terminés de chaque côté par un rebord tranchant au milieu duquel se trouve logée la suture. On observe sur la surface de la coquille des stries d'accroissement à peine visibles.

Cette espèce, par sa forme conique et le rapprochement de ces tours, rappelle le *N. monilifera*, Orb.; mais elle s'en distingue par l'absence complète d'ornementation. Elle ressemble beaucoup plus à la *N. palmata*, Pictet et Campiche; mais notre espèce est plus large.

Nous l'avons recueillie dans les couches inférieures de l'étage aptien, entre Morella et Chert (royaume de Valence), ainsi qu'à Santa-Lucia, près de Molinos (Aragon).

Explication de la figure.

Pl. V, fig. 3. Coquille de grandeur naturelle. De notre collection.

43. Nerinea gigantea, Hombre-Firmas.

Synonymie.

Nerinea gigantea,	Hombre-Firmas, Mémoires.
Idem.	Orb., 1842, Pal. franç., ter. crét., t. 2, p. 77, pl. 158, fig. 1-2.
Idem.	Coquand, 1862, Desc. géol. et paléont. de la région sud de la province de Constantine, p. 283.

Nous avons recueilli cette espèce, qui est fort abondante dans la partie inférieure du terrain aptien, à Aliaga, Molinos, Parras de Martin, Utrillas, Cabezo de los Pelegrinos, Palomar, Escucha (Aragon), à Alcala de Chisvert, Castell de Cabres, Herbesest, Bell, Morella (royaume de Valence) et à Uldecona el Godall (province de Taragona).

En France, elle est commune dans les bancs à *Chama ammonia*.

Nous l'avons également retrouvée en Algérie.

44. Nerinea Archimedis, Orbigny.

Synonymie.

Nerinea Archimedis,	Orbigny, 1842, Pal. fr., Ter. crét., t. 2, p. 78, pl. 158, fig. 3-4.
Idem.	Coquand, 1862, Descrip. géol. et paléont. de la région sud de la province de Constantine, p. 283.

Nous avons recueilli cette espèce dans la partie inférieure de l'étage aptien, à Valdanche, près d'Alcala de Chisvert, où elle est associée à la *Chama Lonsdalii.*

En France ainsi qu'en Algérie elle existe dans les bancs à *Chama ammonia.*

45. Nerinea Chloris, H. Coquand.

Pl. XXI, fig. 1.

Coquille allongée, étroite, épaisse, non ombiliquée, composée de tours lisses, excavés dans leur partie centrale, très-saillants en haut et en bas.

Cette espèce voisine de la *N. Archimedis*, Orb., s'en distingue par ses tours beaucoup plus courts et par leur grande excavation, et surtout par la saillie au milieu de laquelle est creusée la suture.

Nous avons recueilli cette espèce dans les couches supérieures de l'étage aptien du Barranco Malo, entre Palomar et Escucha (Aragon).

Explication de la figure.

Pl. XXI, fig. 1. Coquille de grandeur naturelle. De notre collection.

46. Nerinea Renauxiana, Orbigny.

Synonymie.

Nerinea Renauxiana,	Orb., 1842, Pal. franç., Ter. crét., t. 2, p. 76, pl 157.
Idem.	Pictet et Campiche, 1861, Ter. crét. de Sainte-Croix, t. 2, p. 235, pl. 67, fig. 3, *a*, *b*.

Cette espèce a été recueillie par nous dans l'aptien inférieur, à las Parras de Martin, à Aliaga, à Utrillas (Aragon), et à Alcala de Chisvert, Uldecona (royaume de Valence).

En Suisse et en France elle est spéciale aux couches à *Chama ammonia.*

GENRE ACTEON, Montfort.

Ce genre est représenté par une seule espèce, qui est nouvelle.

47. ACTEON VERNEUILLI, H. Coquand.

Pl. III, fig. 8-10.

Synonymie.

Conus Verneuilli, Vilanova, 1859, Memoria geognostica. pl. 3, fig. 12.

Dimensions.

Longueur : 17 millimètres.
Largeur : 10 millimètres.

Coquille raccourcie, bulliforme, lisse, coupée presque carrément à sa partie inférieure où elle atteint son maximum d'épaisseur. Spire non apparente. Tour supérieur formant à lui seul la hauteur de toute la coquille, terminé au bas par une carène tranchante légèrement crénelée; bouche étroite, élargie en avant; columelle portant trois plis saillants et rapprochés de l'extrémité.

La coquille est ornée de stries transversales très-régulières, qui s'évanouissent vers le sommet, tandis qu'elles sont saillantes vers la partie inférieure du dernier tour, où elles donnent naissance aux crénelures déjà signalées.

M. Vilanova a rangé cette coquille dans le genre Cône, les plis de la columelle ayant probablement échappé à son attention. Toutefois, comme les figures qu'il donne de son *Conus Verneuilli* ont la bouche entièrement fermée et arrondie et que par conséquent elles n'indiquent point de canal terminal, il était impossible de l'attribuer au genre *Conus*.

Cette espèce, par sa petite taille et surtout par sa troncature terminale, se distingue facilement des autres *Acteon*. M. Vilanova et moi, nous l'avons recueillie dans les bancs aptiens de Chert, Aragon.

Explication des figures.

Pl. III, fig. 8. Coquille de grandeur naturelle, vue par la face antérieure. De notre collection.
— fig. 9. La même, vue par la face opposée.
— fig. 10. La même, montrant sa spire.

GENRE ACTEONELLA, Orbigny.

Ce genre est représenté par deux espèces, qui sont nouvelles.

48. ACTEONELLA FUSIFORMIS, H. Coquand.

Pl. III, fig. 7.

Dimensions.

Longueur : 21 millimètres.
Largeur : 8 millimètres.

Coquille oblongue, fusiforme, lisse, renflée vers le milieu de sa longueur, obtuse en avant, fortement rétrécie. Spire non apparente, débordée par le dernier tour, embrassante. Bouche étroite ; columelle pourvue de trois plis égaux.

Cette espèce se distingue très-facilement par sa petite taille des autres *Acteonella.*

Nous l'avons recueillie dans l'aptien supérieur à Utrillas (Aragon).

Explication de la figure.

Pl. III, fig. 7. Coquille de grosseur naturelle. De notre collection.

49. ACTEONELLA OLIVIFORMIS, H. Coquand.

Pl. XXI, fig. 2.

Dimensions.

Longueur : 48 millimètres.
Largeur : 23 millimètres.

Coquille oblongue, lisse, composée de quatre tours, dont le dernier embrassant occupe à lui seul la presque totalité de la spire. Bouche étroite; columelle pourvue de plis obliques.

L'exemplaire que nous avons à notre disposition ne montre qu'un seul pli à la columelle, à cause d'une fracture qui a enlevé une portion de son dernier tour.

Cette espèce par sa forme allongée se distingue facilement des autres *Acteonella.*

Nous l'avons recueillie à l'ouest des mines de plomb de Ségura (Aragon).

Explication de la figure.

Pl. XXI, fig, 2. Coquille de grandeur naturelle. De notre collection.

GENRE GLOBICONCHA, Orbigny.

Ce genre n'est représenté que par une seule espèce, qui est nouvelle.

50. Globiconcha utriculus, H. Coquand.

Pl. XIII, fig. 1.

Dimensions.

Hauteur : 50 millimètres.
Largeur : 50 millimètres.

Coquille globuleuse, renflée, épaisse, aussi haute que large, lisse, composée de six tours convexes, légèrement en gradins les uns sur les autres, et séparés par une suture profonde : le dernier tour très-large et très-grand. Bouche semi-lunaire, étroite.

Cette espèce par ses contours en forme de toupie, se distingue facilement des autres *Globiconcha*.

Nous l'avons recueillie à Quatro-Dineros, entre Cabra et Montalban.

Explication de la figure.

Pl. XIII, fig. 1. Coquille de grandeur naturelle. De notre collection.

GENRE TYLOSTOMA, Sharpe.

Ce genre est représenté seulement par une espèce.

51. Tylostoma Rochatianum, Pictet et Campiche.

Synonymie.

Varigera Rochatiana, Orbigny, 1850, Prodrome, t. 2, p. 103.
Idem. Pictet et Renevier, 1854, Fossiles du terrain aptien, p. 33, pl. 3, fig. 6, *a*, *b*, *c*.
Tylostoma Rochatianum, Pictet et Campiche, 1862, Ter. crét. de Sainte-Croix, p. 336, pl. 73, fig. 12 et 13.

Nous avons recueilli cette espèce dans les couches inférieures de l'étage aptien à Utrillas (Aragon).

Elle est signalée dans l'aptien inférieur de la Suisse, à la Perte du Rhône et à Sainte-Croix.

GENRE NATICA, Adanson.

Ce genre est représenté par six espèces, dont deux sont nouvelles.

52. Natica lævigata, Orbigny.

Pl. I, fig. 4.

Synonymie.

Ampullaria lævigata,	Desh., 1842, in Leymerie, Mém. Soc. géol., t. v., p. 12, pl. 16, fig. 10.
Natica lævigata,	Orb., 1842, Pal. fr., Ter. crét., t. 2, p. 148, pl. 170, fig. 6 et 7.
— *rotundata*.	Forbes, 1845, Quart. Journ., géol. Soc., t. 1, p. 346.
— *sublævigata*,	Orb., 1850, Prodrome, t. 2, p. 68 et 115.
— *rotundata*,	Pictet et Renev. (non. Sow.), 1854, Fossiles du terrain aptien, p. 34, pl. 3, fig. 7, *a, b, c*.
— *lævigata*.	Pictet et Renevier, 1858, Fossiles du terrain aptien, p. 173.
Idem.	Pictet et Campiche, 1862, Ter. crét. de Sainte-Croix, p. 373.

Cette espèce est fort répandue dans les assises inférieures de l'étage aptien. Nous l'avons recueillie à Gargallo, à Palomar, à Cabra, à Escucha, aux Parras de Martin, à Castellote, à Santolea (province de Teruel), ainsi qu'à Bell, à Castell de Cabres, à Herbesest, à Morella (province de Castellon), et à Godall (province de Taragona).

Elle a été signalée dans la même position en Suisse, à la Perte du Rhône, à Sainte-Croix et à la Presta. Elle se montre également en France et en Angleterre.

Nota. — Nos exemplaires se rapportent exactement à la description et aux dessins donnés par MM. Pictet et Renevier, dont nous avons adopté la synonymie.

Explication de la figure.

Pl. I, fig. 4. Jeune individu. De notre collection.

53. Natica Pradoana, Vilanova.

Pl. II, fig. 4 et 5.

Synonymie.

Natica Pradoana,, Vilanova, 1859, Memoria Geognostica, pl. 3 fig. 6.

Cette petite espèce qui rappelle les formes tertiaires est fort abondante à Chert où elle a été recueillie par M. Vilanova et nous. Nous l'avons retrouvée à Arcaïne (Aragon). Elle caractérise les couches supérieures de l'étage aptien.

Explication des figures.

Pl. II, fig. 4. Coquille de grandeur naturelle. De notre collection.
— fig. 5. La même vue par la face opposée.

54. Natica Alcibari, H. Coquand.

Pl. III, fig. 14 et 15.

Dimension.

Diamètre du dernier tour : 19 millimètres.

Coquille subglobuleuse, lisse, à spire très-courte, obtuse, formée de trois à quatre tours arrondis. Le dernier constitue à lui seul la presque totalité de la coquille. Ces tours sont séparés par des sutures étroites.

Bouche semi-lunaire, assez étroite et opposée à un encroûtement calleux, lisse, qui obstrue complètement l'ombilic.

Cette espèce se rapproche par sa forme des *Natica Sueurii*, Pictet et Ren. et *N. hemisphærica*, Orb.; mais elle s'en distingue très-nettement par sa forme plus globuleuse, sa bouche plus étroite et la callosité qui entoure la columelle.

Nous avons recueilli cette espèce à Chert, associée à la *Cassiope Lujani.*

Explication des figures.

Pl. III, fig. 14. Coquille de grandeur naturelle, vue du côté de la bouche. De notre collection.
— fig. 15. La même vue par le côté opposé.

55. Natica Gasullæ, H. Coquand.

Pl. VI, fig. 1 et 2.

Dimensions.

Hauteur : 72 millimètres.
Largeur du dernier tour : 60 millimètres.

Coquille oblongue, plus haute que large, à test épais, marquée de quelques stries d'accroissement, composée de cinq tours disposés en gradins et séparés par une suture profonde, très-apparente surtout dans les moules : le dernier tour de beaucoup plus grand que le reste de la coquille. Tours légèrement excavés dans leur partie centrale. Bouche large, semi-lunaire. Ombilic caché par une callosité de la columelle.

Le moule ne diffère pas sensiblement de la coquille qui a conservé le test; seulement la suture prend dans le dernier tour un élargissement très-considérable, qui, si elle s'était conservée dans les tours inférieurs, aurait rendu la coquille scalariforme. Il est à remarquer aussi que ces derniers sont arrondis, au lieu d'être excavés, comme on le voit dans les tours supérieurs.

Cette espèce a été recueillie par nous dans l'aptien inférieur, à Utrillas, à las Parras de Martin, à Montalban, à Escucha (province de Teruel), et à Morella (Castellon). M. Vilanova cite la Masia de Moixacre comme un des gisements les plus remarquables de la *N. Gasullæ*, dont plusieurs exemplaires pèsent jusqu'à près de neuf kilogrammes. Nous citerons également l'ancienne route de Morella à San-Matteo et surtout les rampes qui aboutissent au torrent de Vallibana comme offrant en grand nombre ces gigantesques gastéropodes, dont plusieurs ont conservé leur test.

C'est avec empressement que nous dédions cette espèce à M. l'abbé Gasulla de Morella, dont les actives recherches ont contribué à faire connaître les richesses paléontologiques de la contrée qu'il habite.

Explication des figures.

Pl. VI. fig. 1. Coquille vue du côté de la bouche. De notre collection.
— fig. 2. Moule de la même, vue par la face opposée.

56. NATICA CORNUELIANA, Orbigny.

Synonymie.

Natica Cornueliana,	Orb., Ter. crét., t. 2, p. 150, pl. 170, fig. 4-5.
Idem.	Pictet et Roux, 1854, Pal. Suisse, Ter. apt., p. 36, pl. 3, fig. 8.
Idem.	Pictet et Campiche, 1862, Ter. crét. de Sainte-Croix, p. 383.

Nous avons recueilli cette espèce dans les environs de Morella, dans les assises inférieures de l'étage aptien.

On la retrouve en Suisse, en Angleterre et dans le département de l'Yonne.

57. NATICA SUEURII, Pictet et Renevier.

Synonymie.

Natica Sueurii,	Pictet et Renev. Fossiles du Terrain aptien. p. 37, pl. 3, fig. 9, *a*, *b*, *c*.
Idem.	Pictet et Campiche, 1862, Ter. crét. de Sainte-Croix, p. 384.

Nous avons recueilli à Morella, dans les couches inférieures de l'aptien, un exemplaire gigantesque de cette espèce et qui ne mesure pas moins de neuf centimètres de diamètre.

C'est également dans l'étage aptien des environs de Sainte-Croix qu'elle a été signalée pour la première fois.

GENRE STOMATIA, Lamarck.

Ce genre n'est représenté que par une espèce.

58. STOMATIA ORNATISSIMA, H. Coquand.

Pl. V, fig. 4 et 5.

Coquille épaisse, plus large que haute, composée de tours convexes, dont le dernier est très-exagéré par rapport à l'ensemble. Il est divisé en deux régions par une carène : la région supérieure à la carène est marquée en long, de côtes denticulées, imbriquées, avec lesquelles viennent s'entre-croiser, à angle droit, une infinité de stries très-fines. Dans la région inférieure, on observe le même système de stries que traversent quelques côtes doubles, rayonnantes, légèrement sinueuses et aboutissent à des bourrelets mutiques qui bordent la carène.

Il est impossible de confondre cette élégante coquille avec aucune autre. Seulement, comme l'exemplaire que nous avons à notre disposition n'est pas complet du côté de la bouche, c'est avec quelques doutes que nous le rapportons au genre *Stomatia*.

Nous l'avons recueillie à Utrillas, dans les couches à Orbitolites.

Explication des figures.

Pl. V, fig. 4. Coquille de grandeur naturelle, vue en face. De notre collection
— fig. 5. La même vue en dessous.

GENRE PLEUROTOMARIA, Defrance.

Nous n'avons observé qu'une seule espèce appartenant à ce genre.

59. Pleurotomaria gigantea, Sowerby.

Synonymie.

Pleurotomaria striata.	Sow., 1836, in Fitton, Trans. geol. Soc., 2ᵉ série, t. 4, p. 153.
— *gigantea*,	Sow., 1836, in Fitton, Trans. geol. Soc., 2ᵉ série. t. 4, p. 339 et 364, pl. 14, fig. 16.
Trochus jurensisimilis,	Roëm., 1836, Ool. geb., p. 151, pl. 10, fig. 13.
Pleurotomaria gigantea.	Goldf., 1842, Petr. Germ., t. 3, p. 77, pl. 187, fig. 6.
— *jurensisimilis*,	Orb , 1850, Prodr., t. 2, p. 70.
— *gigantea*,	Orb., 1850, Prodr., t. 2, p. 70.
— *Fittoni*,	Orb., 1850, Prodr., t. 2. p. 70.
— *gigantea*,,	Pictet et Campiche, 1862, Ter. crét. de Sainte-Croix, p. 433.

Nous avons observé cette espèce à l'état de moule, dans l'aptien supérieur d'Oliete (Aragon).

Elle existe aussi dans la même position, à la Perte du Rhône, à la Clape (Aude) et à Fondouille.

GENRE PTEROCERA, Lamarck.

Ce genre n'est représenté que par une seule espèce.

60. Pterocera pelagi, Orbigny.

Synonymie.

Strombus pelagi,	Brongniart, 1821, Ann. des Mines, t. 6, p. 554, pl. 7, fig. 1.
Pterocera pelagi,	Orb., 1842, Pal. fr., Ter. crét., t. 2, p. 304, pl. 212.
Idem.	Pictet et Renevier, 1854, Fossiles du terrain aptien, p. 43, pl. 5, fig. 1 et 2.
Idem.	Pictet et Campiche, 1862, Ter. crét. de Sainte-Croix, p. 571, pl. 91, fig. 1 et 2.

Nous avons recueilli cette espèce dans les assises inférieures de l'aptien à Utrillas (Cabezo de los Pelegrinos), Escucha, Palomar, Obon, Parras de Martin, Aliaga (province de Teruel), ainsi que dans les environs de Herbesest (province de Castellon).

Cette espèce a été signalée en Suisse, à la Perte du Rhône, à la Presta et à Sainte-Croix.

Nous la possédons également de l'Algérie.

GENRE STROMBUS.

Ce genre est représenté par deux espèces, toutes deux nouvelles.

61. Strombus Hector, H. Coquand.

Pl. VI, fig. 3 et 4.

Dimensions.

Hauteur : 54 millimètres.
Largeur : 54 —

Coquille aussi haute que large, courte, très-renflée; spire courte, non saillante, composée de tours arrondis, bombés, lisses. Dernier tour large, embrassant, terminé par un canal; bouche allongée.

Cette espèce, dont la forme rappelle le *S. numidus* Coquand, a été recueillie dans l'aptien inférieur des environs de Morella (province de Castellon de la Plana).

Explication des figures.

Pl. VI, fig. 3. Coquille de grandeur naturelle, vue du côté antérieur. De notre collection.
— fig. 4. La même vue par le côté opposé.

62. Strombus globulus, H. Coquand.

Pl. VI, fig. 5.

Dimensions.

Hauteur : 27 millimètres.
Largeur du dernier tour : 25 millimètres.

Coquille globuleuse, naticoïde, arrondie, lisse, composée de tours convexes, le dernier très-large, portant une carène médiane peu prononcée, qui correspond à la partie inférieure de la bouche ; celle-ci oblique, échancrée, terminée par un canal court.

Cette espèce est voisine du *S. cariniferus* Coquand. Elle s'en distingue par sa forme plus globuleuse.

Nous l'avons recueillie dans les couches aptiennes à Orbitolites des environs de Morella.

Explication de la figure.

Pl. VI, fig. 5. Coquille de grandeur naturelle. De notre collection.

GENRE APORRHAIS, da Costa.

Ce genre est représenté par huit espèces, dont sept sont nouvelles.

63. Aporrhaïs pleurotomoides, H. Coquand.

Pl. V, fig. 10.

Dimensions.

Hauteur totale (sans le canal) : 23 millimètres.
Diamètre du dernier tour (sans l'aile) : 10 millimètres.

Coquille allongée. Coquille formée de cinq tours anguleux présentant une carène sub-médiane, mais un peu plus rapprochée du bord spiral. Ces tours sont ornés longitudinalement de stries très-fines et parallèles.

Ces stries ne sont pas d'égale force; on remarque qu'elles sont formées par faisceaux de quatre, dont trois très-fines et la quatrième un peu plus forte. Cette disposition est surtout apparente dans le dernier tour où le système des stries est bien plus développé.

Cette espèce, par la forme générale de sa coquille et par sa carène tranchante, rappelle l'*A. Rouxii*, Pictet et Renev.; mais elle s'en distingue nettement par l'absence de côtes transversales et par la présence de stries longitudinales.

Nous l'avons recueillie à Josa (Aragon), dans les bancs supérieurs de l'étage aptien.

Explication de la figure.

Pl. V, fig. 10. Coquille de grandeur naturelle. De notre collection.

64. Aporrhaïs Gasullæ, H. Coquand.

Pl. VI, fig. 8.

Dimensions.

Hauteur sans le canal : 35 millimètres.

Coquille allongée, aiguë, composée de sept tours convexes, lisses. Dernier tour large, arrondi, lisse, terminé par une expansion aliforme dont l'inflexion vers la partie inférieure recouvre une portion du pénultième tour.

Nous avons recueilli cette espèce, dans les bancs supérieurs de l'étage aptien, à Josa (Aragon).

Explication de la figure.

Pl. VI, fig. 8. Coquille de grandeur naturelle. De notre collection.

65. Aporrhaïs Priamus, H. Coquand.

Pl. VI, fig. 9.

Dimensions.

Longueur (sans le canal) : 30 millimètres.
Longueur du dernier tour (sans l'aile) : 19 millimètres.

Coquille fusiforme, un peu raccourcie, composée de six tours convexes, ornés en travers de côtes obliques, tranchantes aux extrémités, obtuses au centre, un peu flexueuses, au nombre de dix. Le dernier tour est orné des mêmes côtes, mais s'atténuant vers le sommet.

Cette espèce rappelle la *Rostellaria Robinaldina*, Orb.; mais elle s'en distingue par sa forme plus ramassée, son moins grand nombre de tours, ainsi que par ses côtes plus grosses et moins espacées.

Nous l'avons recueillie dans l'aptien supérieur, entre Cabra et Montalban (Aragon).

Explication de la figure.

Pl. VI. fig. 9. Coquille de grandeur naturelle. De notre collection.

66. Aporrhaïs Vilanovæ, H. Coquand.

Pl. V, fig. 13.

Dimensions.

Longueur (sans le canal) : 28 millimètres.

Coquille ramassée, épaisse, formée de six tours anguleux, ornés d'une série longitudinale de tubercules costiformes au nombre de seize, étranglés au-dessous par un cordon étroit, contigu à la suture. Ces tubercules s'atténuent sur le dernier tour qui est large et terminé par une expansion aliforme dont nous ne connaissons pas la partie terminale, et qui de plus porte les traces d'une seconde carène.

Cette espèce diffère de *l'Aporrhaïs affinis*, avec laquelle elle présente quelques analogies, par sa forme beaucoup plus ramassée et par son dernier tour qui manque des trois carènes.

Nous l'avons recueillie dans l'aptien supérieur à Chert (province de Castellon), et à Aliaga (province de Teruel).

Explication de la figure.

Pl. V, fig. 13. Coquille de grandeur naturelle. De notre collection.

67. Aporrhaïs Spartacus, H. Coquand.

Pl. V, fig. 14.

Dimensions.

Hauteur de la coquille, (sans le canal) : 30 millimètres.
Largeur du dernier tour, (sans l'aile) : 12 millimètres.

Coquille allongée, fusiforme, formée de six tours anguleux, ornés d'une série longitudinale de tubercules costiformes au nombre de six, qui tous s'atténuent du côté de la bouche. Dernier tour allongé, lisse vers sa partie supérieure, terminé par un canal.

Cette espèce participe à la fois de l'*A. Priamus* Coq. et de l'*A. Vilanovæ* Coq. ; elle s'en distingue par sa forme plus allongée et par ses côtes moins nombreuses et plus déliées.

Nous l'avons recueillie dans l'étage aptien de Morella (royaume de Valence). M. Vilanova la cite à Chert.

Explication de la figure.

Pl. V, fig. 14. Coquille de grandeur naturelle. De notre collection.

68. Aporrhaïs Rouxii, Pictet et Campiche.

Synonymie.

Rostellaria Rouxii.	Pictet et Renevier, 1854, Ter. aptien, p. 47, pl. 4, fig. 9.
Aporrhaïs Rouxii,	Pictet et Campiche, 1862, Ter. crét. de Sainte Croix, p. 603.

Nous avons recueilli cette espèce dans l'étage aptien de Chert (royaume de Valence).

Elle a été signalée en Suisse, à la Perte du Rhône et à Sainte-Croix.

69. Aporrhaïs affinis, H. Coquand.

Pl. V, fig. 2.

Synonymie.

Chenopus Dupinianus,	Pictet et Renev., 1854 (non Orb.). Fossiles du ter. aptien, p. 48, pl. 4, fig. 10.

Aporrhaïs Dupiniana. Pictet et Campiche, 1862, Ter. crét. de Sainte-Croix, p. 589, pl. 92, fig. 1-3.

Dimensions.

Longueur : 42 millimètres.
Largeur du dernier tour : 20 millimètres.

Coquille allongée, épaisse, composée de cinq tours anguleux, ornés en arrière de leur milieu d'une série longitudinale de tubercules saillants formant carène et remontant un peu vers le haut du tour, et en outre de stries fines également longitudinales. Sur le dernier tour, les tubercules s'atténuent en augmentant de nombre et dégénèrent en une carène denticulée; deux carènes équidistantes mais moins saillantes s'observent entre la première et le canal. On remarque de plus, dans l'intervalle laissé libre entre les trois carènes, trois ou quatre côtes fines, régulières, longitudinales, finement denticulées.

Cette espèce est très-voisine du *Chenopus Dupinianus*, Orb.; mais elle s'en sépare par les trois carènes qui ornent son dernier tour, par les stries denticulées qui alternent avec elles, ainsi que par le moins de développement des tubercules transversaux sur les tours inférieurs.

C'est à tort, suivant nous, que MM. Pictet et Renevier ont rapporté au *C. Dupinianus* de d'Orbigny, les exemplaires qu'ils ont recueillis à la Perte du Rhône, d'autant plus que ces savants ont remarqué sur plusieurs individus une troisième carène.

Nous l'avons recueillie à Morella (royaume d'Aragon).

Explication de la figure.

Pl. V, fig. 2 Coquille de grandeur naturelle. De notre collection.

70. Aporrhaïs bulbiformis, H. Coquand.

Pl. V, fig. 12.

Dimensions.

Longueur totale : 30 millimètres.

Coquille allongée, épaisse, formée de cinq tours anguleux, ornés en arrière de leur milieu d'une carène longitudinale tranchante et en outre de stries fines également longitudinales. Sur le dernier tour on observe une deuxième carène obtuse, moins saillante que l'inférieure, ainsi que le même système de stries longitudinales qui disparaissent vers le bord.

Cette espèce se distingue de l'*A. affinis*, par l'absence de tubercules sur le milieu des tours, par l'absence d'une troisième carène et par la régularité de ses stries sur toute la surface de la coquille.

Nous l'avons recueillie à Morella (province de Castellon).

Explication de la figure.

Pl. V, fig. 12. Coquille de grandeur naturelle. De notre collection.

71. Aporrhaïs simplex, H. Coquand.

Pl. VI, fig. 6 et 7.

Dimensions.

Longueur : 33 millimètres.

Coquille allongée, épaisse, formée de cinq tours convexes, lisses et légèrement déprimés dans leur centre. Le dernier tour présente deux carènes obtuses dont l'une forme une côte de l'expansion aliforme dans la région inférieure et l'autre se dirige vers le sommet.

Cette espèce, par l'absence de tout ornement se distingue des autres *Aporrhaïs*.

Nous l'avons recueillie à Chert (province de Castellon), dans l'aptien supérieur, ainsi qu'à Obon (Aragon).

Explication des figures.

Pl. VI, fig. 6. Coquille de grandeur naturelle, vue du côté de la bouche. De notre collection.

— fig. 7. La même vue par la face opposée.

GENRE FUSUS, Bruguière.

Ce genre n'est représenté que par une espèce.

72. Fusus absconditus, H. Coquand.

Pl. V, fig. 15.

Dimensions.

Hauteur : 33 millimètres.

Diamètre du dernier tour : 22 millimètres.

Coquille ovale, courte, lisse, composée de cinq tours convexes, séparés par une suture apparente. Dernier tour très-large et très-grand, terminé par un canal. Bouche semi-lunaire.

Nous avons recueilli cette espèce dans l'aptien de Morella (royaume de Valence).

Explication de la figure.

Pl. V, fig. 15. Coquille de grandeur naturelle. De notre collection.

GENRE BULLA, Linné.

Ce genre est représenté par une espèce.

73. Bulla reperta, H. Coquand.

Pl. III, fig. 11, 12 et 13.

Dimensions.

Hauteur : 10 millimètres.
Epaisseur : 6 millimètres.

Coquille ovale, dilatée vers le haut, enroulée, lisse; carène à peine apparente, le dernier embrassant et portant des stries transversales fines; ouverture large, descendant jusqu'à l'extrémité de la coquille.

Nous avons recueilli cette espèce dans les couches supérieures de l'étage aptien à Chert (province de Castellon de la Plana).

Explication des figures.

Pl. III, fig. 11. Coquille de grandeur naturelle. De notre collection.
— fig. 12. La même grossie, vue par la bouche.
— fig. 13. La même grossie, vue par la face opposée.

GENRE CERITHIUM, Adanson.

Ce genre est représenté par sept espèces.

74. Cerithium Gassendii, H. Coquand.

Pl. IV, fig. 14-15.

Dimensions.

Hauteur totale : 65 millimètres.
Largeur près de la bouche : 15 millimètres.

Coquille très-allongée, turriculée, composée de tours excavés, complètement lisses et marqués en travers de faibles stries d'accroissement; suture bordée d'un bourrelet appartenant au bord postérieur du tour; face buccale du dernier, lisse. Bouche déprimée, prolongée en avant par un léger canal.

Cette espèce offre les plus grandes ressemblances avec le *C. excavatum* Brong., et surtout aux figures de cette espèce données par Orbigny, ter. crét., pl. 230 et par MM. Pictet et Roux, grès verts, pl. 27, fig. 7 *b*. Nous n'eussions pas hésité à lui identifier notre espèce, sans les stries en long qui ornent la première et qui manquent complètement dans le *C. Gassendii*. Notre comparaison a pu s'établir sur plus de cent échantillons, tous pourvus de leur test et d'une conservation irréprochable.

Nous avons découvert cette espèce dans le système supérieur de l'étage aptien d'Utrillas (Aragon), qui renferme dix couches de combustible minéral. Elle n'y est pas rare.

Explication des figures.

Pl. IV, fig, 14. Coquille de grandeur naturelle. De notre collection.
— fig. 15. Variété de la même espèce, à tours plus rapprochés et à bourrelets plus saillants.

75. Cerithium hispanicum, H. Coquand.

Pl. IV, fig. 13.

Dimensions.

Longueur : 50 millimètres.
Diamètre du dernier tour : 22 millimètres.

Coquille épaisse, composée de tours étroits, ornés en long de cinq côtes assez élevées, et en travers, par révolution spirale, de douze grosses côtes saillantes, le plus souvent obtuses, quelquefois épineuses, surtout vers les derniers tours. Au-dessous des cinq premières côtes on observe un étranglement déterminé par une espèce de canal, et au-dessous du canal, un cordon saillant présentant les mêmes ornements que la partie supérieure du tour; suture profonde. Le dernier tour porte dans la partie voisine de la bouche une série de côtes longitudinales simples.

Cette magnifique espèce, dont la forme rappelle un peu le *C. provinciale*, Orb. s'en distingue par sa forme plus courte, et par ses ornements autrement disposés.

Nous l'avons recueillie dans les couches supérieures de l'étage aptien, à Utrillas (Aragon).

Explication de la figure.

Pl IV, fig. 13. Coquille de grandeur naturelle. De notre collection.

76. Cerithium Tourneforti, H. Coquand.

Pl. V, fig. 8.

Dimensions.

Longueur totale : 150 millimètres.
Largeur du dernier tour : 30 millimètres.

Coquille allongée, conique, composée de tours à peu près plans, un peu excavés dans leur partie médiane, et disposés en gradins les uns sur les autres : chacun de ces tours, immédiatement au-dessus de la suture, porte un bourrelet saillant, orné de tubercules réguliers. Le tour qui porte la bouche est lisse.

Cette magnifique espèce se distingue facilement des autres *Cerithium* de la craie.

Nous l'avons recueillie dans les couches supérieures lignitifères de l'étage aptien à Utrillas (Aragon).

Explication de la figure.

Pl. V, fig. 8. Coquille de grandeur naturelle. De notre collection.

77. Cerithium Forbesianum, Orbigny,

Synonymie.

Cerithium Phillipsii,	Forbes, 1845, Quart. Journal, géol., Soc., t. 1, p. 352, p. 4, fig. 12.
Cerithium Forbesianum.	Orb., 1850, Prodr. t. 2, p. 116.
Idem.	Pictet et Renev., 1855, Fossiles du terrain aptien. p. 52, pl. 5, fig: 6.
Scalaria canaliculata.	Vilanova, 1859. Memoria geognostica, pl. 3, fig. 8

Nous avons recueilli cette espèce dans les couches aptiennes de Chert, M. Vilanova et moi.

78. Cerithium Reynieri, Pictet et Renevier.

Synonymie.

Cerithium Reynieri, Pictet et Renevier, 1855, Fossiles du terrain aptien, pl. 5, fig. 7.

Ce n'est qu'avec la plus grande réserve que nous conservons cette espèce. En effet, parmi les exemplaires nombreux du *Cerithium Forbesianum* que nous avons recueillis à Chert, nous avons remarqué quelques individus qui semblaient établir un passage gradué entre celui-ci et le *C. Regnieri*. Ce dernier par conséquent pourrait bien n'être qu'une variété extrême du *C. Forbesianum*.

Nous l'avons recueillie à Chert.

79. Cerithium Lamanonis, H. Coquand.

Pl. V, fig. 9.

Dimensions.

Longueur : 67 millimètres.
Diamètre du dernier tour : 22 millimètres.

Coquille allongée, conique, composée de tours anguleux, courts, excavés dans leur centre, ornés, au-dessus de la carène, d'une arète tranchante, découpée régulièrement en dents de scie. Ces dents sont orientées dans le sens de l'enroulement. Dernier tour lisse ; bouche terminée par un canal.

Cette espèce est voisine du *C. Tourneforti*, Coq. ; mais elle s'en distingue par les dents tranchantes qu'elle porte au lieu de tubercules, par ses tours plus excavés, bien plus courts, et par sa taille plus petite.

Nous l'avons recueillie à Utrillas, dans les assises supérieures de l'étage aptien.

Explication de la figure.

Pl. V, fig. 9. Coquille de grandeur naturelle. De notre collection.

80. Cerithium Nostradami, H. Coquand.

Pl. IV, fig. 16.

Dimensions.

Hauteur totale : 40 millimètres.
Largeur près de la bouche : 8 millimètres.

Coquille allongée, grèle, turriculée, composée de tours convexes, complètement lisses.

Cette espèce, par sa forme allongée et l'absence de bourrelets, se distingue nettement du *C, Gassendii*, Coq.

Nous l'avons recueillie dans les couches supérieures de l'étage aptien à Utrillas (Aragon).

Explication de la figure.

Pl. IV, fig. 16. Coquille de grandeur naturelle, vue du côté de la bouche. De notre collection.

CLASSE DES MOLLUSQUES ACÉPHALES

GENRE TEREDO, Linné.

Ce genre n'est représenté que par une seule espèce.

81. Teredo lignitorum, H. Coquand.

Pl. VII, fig. 1 et 2.

Coquille plus longue que haute, fortement baillante en haut et en bas; la région anale arrondie, la région buccale échancrée d'une manière anguleuse. Sur chaque valve on remarque un sillon transverse dans le voisinage duquel le test revêt une structure rugueuse et comme chagrinée. Tube épais et droit.

Nous avons recueilli cette espèce dans les couches supérieures de l'étage aptien à Utrillas (Aragon). Elle était logée dans un tronc de bois fossile qui se trouvait lui-même engagé dans les grès lignitifères.

Explication de la figure.

Pl. VII, fig. 1. Coquille de grandeur naturelle, vue sur les crochets. De notre collection.
— fig. 2. La même vue de profil.

GENRE PANOPÆA, Ménard.

Ce genre est représenté par six espèces, dont trois nouvelles.

82. Panopæa neocomiensis, Orbigny.

Synonymie.

Panopæa plicata,	Roëm., 1841, Norddeutsch, Kreidegeb., p. 75, pl. 9, fig. 25 (non *plicata*. Sow.).
Pholadomya neocomiensis,	Leym., 1842, Mém. Soc. géol. de France, t. 5. p. 3, pl. 3, fig. 4.
Idem.	Orb., 1843, Pal. franç., Ter crét., t. 3, p. 329. pl. 358, fig. 3-8.
Myopsis neocomiensis,	Agas., Etudes critiques, p. 257, pl. 31, fig. 5-10.
Panopæa neocomiensis,	Pict. et Renev., 1855. Fossiles du terrain aptien, p. 56, pl. 6, fig 2 et 3.

Nous avons recueilli cette espèce dans l'aptien supérieur au Barranco Redondo (Lahoz de la Vieja) et à Arcaïne (Aragon).

Elle est commune en France et en Suisse, à la Perte du Rhône et à Sainte-Croix.

83. Panopæa plicata, Forbes.

Synonymie.

Mya plicata,	Sow., 1825, Min. conch., pl. 419, fig. 3.
Pholadomya Prevostii,	Desh., 1842, in Leym. Mém. Soc. géol. de France. t. 5, p. 3, pl. 2, fig. 7.
Idem.	Orbigny, 1844, Pal. fr., Ter. crét., t. 3, p. 334. pl. 356, fig. 3 et 4.

Panopæa acutisulcata, Pictet et Roux (non Orb.), 1852, Grès verts, p. 397, pl. 28, fig. 1.
— *plicata,* Pictet et Roux, 1852 (non Orb.), Grès verts, p. 399, pl. 28, fig. 2.
— *Rhodani,* Pictet et Roux, 1852, Grès verts, p. 400, pl. 28, fig. 3.
— *plicata,* Pictet et Roux, 1855, Fossiles du terrain aptien, p. 57, pl. 6, fig. 4 et 5.

Nous avons recueilli cette espèce à Aliaga, à Barabassa (Andorra), à Josa, Obon, Lahoz de la Vieja, Cortès Utrillas, Cabra et Arcaïne (Aragon). Cette espèce se retrouve en France et en Suisse à la Perte du Rhône.

84. Panopæa nana, H. Coquand.

Pl. VII, fig. 7 et 8.

Dimensions.

Hauteur : 30 millimètres.
Longueur : 20 millimètres.
Epaisseur : 22 millimètres

Coquille renflée, courte, inéquilatérale. Région buccale courte, baillante, séparée des flancs par une carène qui part des sommets et circonscrit une surface triangulaire très-large; crochets saillants, rapprochés. Région anale courte, tronquée et largement baillante. Bord palléal arqué vers ses extrémités. La coquille est ornée de côtes concentriques, régulières, rapprochées et séparées les unes des autres par des sillons d'égale dimension; on observe en outre vers la région anale une depression sous forme de sinus large qui sépare les valves en deux portions inégales.

Nous avons découvert cette espèce dans la partie supérieure de l'étage aptien, à Utrillas (Aragon).

Explication des figures.

Pl. VII, fig. 7. Coquille de grandeur naturelle. De notre collection.
— fig. 8. La même vue par les crochets.

85. Panopæa fallax, H. Coquand.

Pl. VIII, fig. 3 et 4.

Dimensions.

Hauteur : 35 millimètres.
Longueur : 45 —
Epaisseur : 24 —

Coquille courte, de forme arondie, épaisse, inéquilatérale, baillante par le côté anal. Bord palléal arqué vers ses extrémités. Côté buccal court, oblique; lunule assez grande, circonscrite par une carène obtuse partant du sommet des crochets; crochets recourbés et contigus : côté anal un peu plus large que l'autre, légèrement comprimé, baillant, obtus; test mince à peine marqué de quelques lignes d'accroissement.

Cette curieuse espèce s'écarte si franchement des Panopées connues, que nous nous trouvions fort embarrsssé pour choisir sa place dans la série des bivalves à valves baillantes. Mais l'ouvrage remarquable que M. Zittel vient de publier tout récemment sous le titre de *Die Bivalven des Gosaugenbilde* a mis fin à nos incertitudes, en nous montrant dans la *Panopœa frequens* des affinités de formes tellement grandes avec la *P. fallax* que nous n'avons eu qu'à imiter l'exemple du savant paléontologiste allemand.

Nous l'avons recueillie dans les couches aptiennes supérieures entre Cabra et Montalban (Aragon).

Explication des figures.

Pl. VIII, fig. 3. Coquille de grandeur naturelle. De notre collection.
— fig. 4. La même vue par les crochets.

86. Panopæa Aptiensis, H. Coquand.

Pl. VIII, fig. 1 et 2.

Dimensions.

Longueur : 100 millimètres.
Hauteur : 67 —
Epaisseur : 50 —

Coquille large, de forme trapézoïdale, épaisse, inéquilatérale, bâillante par le côté anal. Bord palléal arqué vers ses extrémités. Côté buccal coupé obliquement, excavé sous les crochets, non bâillant; côté anal long, horizontal, comprimé, baillant, coupé presque carrément à son extrémité; test mince, marqué de quelques rides concentriques, mieux prononcées vers la région des crochets que sur les autres parties de la coquille. Lunule assez large, nettement circonscrite par une saillie sous forme de carène obtuse. On remarque en outre vers la portion des valves qui appartiennent au côté anal une éminence gibbeuse qui part du sommet des crochets et se rend obliquement sur le bord palléal, en dessinant une espèce de dénivellation qui dans les moules se traduit par une espèce de carène large et plate ; crochets contigus.

Les moules diffèrent peu de la coquille revêtue de son test ; seulement on y remarque l'impression palléale sinueuse qui unit les muscles d'attache.

Cette espèce, dont quelques individus dépassent le diamètre de 120 millimètres, se distingue par sa forme large et épatée de toutes les Panopées fossiles. Elle appartient à la section de la *P. fallax*, Coquand, et *P. frequens*, Zittel.

Elle n'est pas rare dans le terrain aptien de la péninsule. Nous l'avons recueillie à Obon, Arcaïne, Oliete, Aliaga, Cabra, Montalban, Josa, Utrillas, Santolea (Aragon), et Chert (royaume de Valence).

Explication des figures.

Pl. VIII, fig. 1. Coquille de grandeur naturelle. De notre collection.
— fig. 2. La même vue sur les crochets.

GENRE PHOLADOMYA, Sowerby.

Ce genre est représenté par sept espèces, dont trois sont nouvelles.

87. Pholadomya hispanica, H. Coquand.

Pl. VII, fig. 5 et 6.

Dimensions.

Longueur : 56 millimètres.
Epaisseur : 32 —
Hauteur : 36 —

Coquille allongée, renflée, très-inéquilatérale. Région buccale courte, non baillante, séparée des flancs par une carène marquée qui part du sommet des crochets ; ceux-ci sont saillants et assez écartés. Région anale longue, un peu comprimée vers son extrémité, régulièrement arrondie et peu baillante, séparée du crochet par une carène saillante ; bord palléal arqué vers ses extrémités. Toute la coquille est ornée de stries d'accroissement très-visibles et en outre de 24 à 26 côtes rayonnantes, très-rapprochées dans la région médiane et un peu plus écartées vers les extrémités. Ces côtes disparaissent presque complétement vers la région anale ; test mince et fragile.

Cette espèce, qui se rapproche beaucoup des types jurassiques, ne peut être comparée qu'à la *Ph. pedernalis*, Roëm., dont elle se rapproche par la forme ; mais elle s'en sépare nettement par sa forme plus renflée, par l'écartement de ses crochets et surtout par le grand nombre de ses côtes qui ne dépassent jamais celui de 9 dans celle-ci, tandis que la *P. Hispanica* en possède 24 ou 25.

Elle se rapproche beaucoup plus de la *P. gallo-provincialis*, Math ; mais elle s'en distingue par le plus grand nombre de ses côtes qui ne dépasse pas 17 dans celle-ci, par ses crochets plus écartés et par la carène qui borde son corselet.

Nous l'avons découverte dans un banc ferrugineux appartenant aux couches aptiennes supérieures, dans les environs d'Oliete (royaume d'Aragon).

Explication des figures.

Pl. VII. fig. 5. Echantillon de grandeur naturelle. De notre collection.
— fig. 6. La même vue sur les crochets.

88. Pholadomya Cornueliana, Orbigny.

Pl. XX, fig. 5 et 6.

Synonymie.

Cardium Cornuelianum,	Orb., 1843, Pal. fr., Ter. crét., t. 3, p. 23, pl. 256, fig. 1 et 2.
Pholadomya Cornueliana,	Orb., 1850, Prodr., t. 2, p. 105 et 117.
Idem.	Pictet et Renev., 1855, Fossiles du terrain aptien, p. 59, pl. 6, fig. 6.

Nous avons recueilli cette espèce dans les environs de Morella (royaume de Valence).

Elle est commune en Suisse, à la Perte du Rhône et à Sainte-Croix.

Explication des figures.

Pl. XX, fig. 5. Coquille de grandeur naturelle. De notre collection.
— fig. 6. La même vue sur les crochets.

89. Pholadomya pedernalis, Roëmer.

Synonymie.

Pholadomya pedernalis,	Roëm., 1852, Kreidebild, v. Texas, p. 45, pl. 6, fig. 4.
Idem.	Pictet et Renev., 1855, Fossiles du terr. aptien, p. 60, pl. 6, fig. 7.

Cette espèce qui possède de nombreuses variétés a été recueillie par nous dans les assises aptiennes d'Utrillas, de Parras de Martin, d'Aliaga, de Palomar (Aragon), et dans les environs de Castell de Cabres et de Morella (royaume de Valence).

90. Pholadomya gigantea, Forbes.

Synonymie.

Pholas giganteus,	Sow., 1836, in Fitton, Trans. géol. Soc., 2e série, t. 4, pl. 14, fig. 1.

Pholadomya elongata,	Münst., 1840, in Goldf., Pet. Germ., 2, p, 270, pl. 157, fig. 3.
Idem.	Agas., 1842, Etud. crit., Myes, p. 57, pl. 1, fig. 16 à 17, pl. 2, fig. 1 à 6.
Pholadomya Favrina,	Agas., 1843, Etud. crit., Myes, p. 59, pl. 2, fig. 1 et 2.
— *elongata*,	Orb., 1843, Pal. fr., Ter. crét., t. 3, p. 350, pl. 362.
— *gigantea*,	Forbes, 1845, Quart. Journ. géol. Soc., 1, p. 238.
— *Favrina*,	Pictet et Roux, 1852, Grès verts, p. 403 et 546.

L'espèce décrite par A. d'Orbigny sous le nom de *Pholadomya Favrina* est du gault et n'a rien de commun avec l'espèce qui nous occupe. L'espèce figurée sous le même nom de *Favrina* par M. Vilanova, n'est ni la *P. Favrina* d'Agassiz ni celle de d'Orbigny. Elle se rapporte à notre *P. Collombi*.

Nous avons recueilli cette espèce dans les couches aptiennes de Josa, de Lahoz de la Vieja, d'Obon, d'Arcaïne, d'Utrillas, de Castellote, d'Aliaga (Aragon), et dans celles de Bell et d'Alcala de Chisvert (province de Castillon).

Elle existe également en Suisse et en Angleterre.

91. Pholadomya recurrens, H. Coquand.

Pl. VIII, fig. 5 et 6.

Dimensions.

Longueur : 55 millimètres.
Hauteur : 32 —
Epaisseur : 30 —

Coquille allongée, renflée, très-inéquilatérale ; région buccale assez large, non baillante ; crochets non saillants et contigus. Région anale longue, baillante. La coquille est ornée de deux systèmes de côtes, d'abord de six côtes écartées, tranchantes, qui partent des crochets et se dirigent vers la région buccale en avançant jusques vers la moitié de la valve. A partir de ce point, on observe huit côtes fines, serrées, qui occupent une portion postérieure de la valve, laquelle se termine par une surface lisse qui ne reçoit que quelques stries d'accroissement. On voit donc qu'un tiers de la coquille est occupé par de grosses côtes, un autre tiers par des côtes fines et que le dernier tiers est lisse.

Dans son ensemble cette curieuse Pholadomye ressemble beaucoup à la *P. acuticosta* Sow ; mais elle s'en distingue par sa partie postérieure qui est dépourvue de côtes.

Nous l'avons recueillie à Utrillas (Aragon), dans les couches inférieures de l'étage aptien.

Explication des figures.

Pl. VIII. fig. 5. Coquille de grandeur naturelle. De notre collection.
— fig. 6. La même vue par les crochets.

92. Pholadomya sphæroïdalis, H. Coquand.

Pl. IX, fig. 1 et 2.

Dimensions.

Longueur : 40 millimètres.
Epaisseur : 33 —
Hauteur : 45 —

Coquille courte, épaisse, renflée, inéquilatérale, à contours très-arrondis. Région buccale courte, non baillante. Région anale courte, légèrement comprimée vers son extrémité qui est arondie et peu baillante. Bord palléal arrondi. Toute la coquille est ornée de stries très régulières, rapprochées, se confondant avec les lignes d'accroissement et s'atténuant vers les deux extrémités. Crochets saillants et presque contigus.

Cette espèce, par ses côtes fines et sa forme globuleuse, se sépare nettement des autres Pholadomyes de la craie.

Je l'ai recueillie à Josa et à Obon (Aragon), dans les assises supérieures du terrain aptien.

Explication des figures.

Pl. IX, fig. 1. Coquille de grandeur naturelle. De ma collection.
— fig. 2. La même vue par les crochets.

93. Pholadomya Collombi, H. Coquand.

Pl. IX, fig. 3 et 4.

Synonymie.

Pholadomya Favrina, Vilanova, 1859 (non *Favrina* Ag.), Memoria geognostica, pl. 3, fig. 15.

Dimensions.

Longueur : 40 millimètres.
Epaisseur : 26 —
Hauteur : 35 —

Coquille courte, épaisse, inéquilatérale. Région buccale courte, arrondie, non baillante. Région anale peu longue, comprimée vers son extrémité qui est baillante. Bord palléal arrondi. Toute la coquille est ornée de stries très-régulières, concentriques, rapprochées et en outre de cinq côtes transversales qui se détachent des crochets et occupent la région médiane des valves. Ces côtes, au point d'intersection avec les stries concentriques, se montrent granuleuses, et donnent à la surface une structure treillissée. Crochets saillants et presque contigus.

Cette espèce, par ses côtes concentriques, rappelle la *Ph. sphæroïdalis*, Coq. et par ses côtes rayonnantes, quelques variétés de la *Ph. pedernalis* Roëm; mais elle se distingue de la première par la présence de ses côtes rayonnantes, ainsi que par sa forme plus allongée, moins globuleuse, et de la seconde, par sa forme plus ramassée et par ses côtes concentriques.

M. Vilanova a confondu cette espèce avec la *Ph. Favrina*, Ag. qui n'est qu'un exemplaire altéré de la *Ph. elongata* de Münster. Nous l'avons recueillie à Obon (Aragon) et à Bell (royaume de Valence). M. Vilanova la signale également à Alcala de Chisvert dans l'étage du gault. Nous sommes convaincu qu'il y a là une erreur de désignation. Car dans les nombreuses excursions que nous avons faites dans les montagnes voisines de ce bourg, nous n'avons rien découvert de plus élevé, dans la série crétacée, que les couches inférieures de l'étage aptien.

Nous nous sommes fait un plaisir de dédier cette espèce à M. Ed. Collomb à qui la géologie d'Espagne est redevable d'excellents travaux.

Explication des figures.

Pl. IX, fig. 3. Coquille de grandeur naturelle. De notre collection.
— fig. 4. La même vue sur les crochets.

GENRE CEROMYA, Agassiz.

Ce genre n'est représenté que par une espèce unique.

94. Ceromya recens, H. Coquand.

Pl. VII, fig. 9 et 10.

Dimensions.

Longueur : 47 millimètres.
Hauteur : 35 —
Epaisseur : 21 —

Coquille subarrondie, inéquilatérale. Côté buccal court, arrondi ; côté anal court et s'amincissant vers son extrémité : bord palléal arrondi : crochets contournés et contigus. La coquille entière est ornée de côtes concentriques, régulières. rapprochées qui s'atténuent insensiblement vers la région anale.

Cette espèce ne saurait être confondue avec aucune autre espèce fossile du genre Ceromya, dont la présence, à notre connaissance du moins, n'a jamais été citée au-dessus de la formation jurassique. Nous l'avons recueilie dans les bancs supérieurs de l'étage aptien aux environs d'Arcaine (Aragon), où elle paraît être rare.

Explication des figures.

Pl. VII, fig. 9. Coquille de grandeur naturelle. De notre collection.
— fig. 10. La même vue sur les crochets.

GENRE ANATINA, Lamarck.

Ce genre n'est représenté que par une espèce.

95. Anatina Robinaldina, Orbigny.

Synonymie.

A. Robinaldina,	Orb., 1843, Pal. fr. Ter. crét., t. 3, p. 374, pl. 370, fig. 6 à 8.
Idem.	Pictet et Renev., 1858. Fossiles du terr. aptien, p. 63, pl. 7, fig. 1.

Nous avons recueilli cette espèce dans l'aptien inférieur à Utrillas (Aragon).

Elle est signalée dans la même position, à la Perte du Rhône en Suisse, et en France à Wassy.

GENRE ARCOPAGIA, Brown.

Ce genre n'est représenté que par une seule espèce, qui est nouvelle.

96. Arcopagia multilineata, H. Coquand.

Pl. VIII, fig. 7 et 8.

Dimensions.

Largeur : 20 millimètres.
Hauteur : 15 —

Coquille oblongo-arrondie, très-comprimée, ornée de stries très-fines, très-rapprochées et parfaitement burinées; inéquilatérale, la valve gauche plus convexe que l'autre : côté buccal court, arrondi; légèrement tronqué vers la région palléale : côté anal plus long, arrondi.

Cette petite espèce voisine de l'*A. numismalis* Orb.,

s'en distingue par sa taille et le rapprochement de ses stries.

Nous l'avons recueillie dans les assises supérieures de l'étage aptien à Obon (Aragon).

Explication des figures.

Pl. VIII, fig. 7. Coquille de grandeur naturelle. De notre collection.
— fig. 8. La même vue sur les crochets.

GENRE PERIPLOMA, Schumacher.

Ce genre est représenté par deux espèces qui sont nouvelles.

97. PERIPLOMA VERNEUILLI, H. Coquand.

Pl. VII, fig. 3 et 4.

Dimensions.

Longueur : 70 millimètres.
Hauteur : 50 —

Coquille ovale, un peu allongée, comprimée, lisse, inéquivalve, la valve gauche plus bombée que l'autre ; inéquilatérale, le côté anal court, rétréci. Les crochets peu saillants. Le moule montre un profond sillon laissé par la lame interne.

Cette espèce, par sa grande taille et sa forme ovalaire, se distingue nettement des autres Périplomes de la craie.

Nous l'avons découverte dans les couches aptiennes des environs d'Oliete (Aragon).

Explication des figures.

Pl. VII, fig. 3. Coquille de grandeur naturelle. De notre collection.
— fig. 4. La même vue sur les crochets.

98. Periploma Lorieri, H. Coquand.

Pl. IX, fig. 5 et 6.

Dimensions.

Longueur : 43 millimètres.
Hauteur : 40 —

Coquille ovale, oblongue, comprimée, ornée de stries concentriques rapprochées; inéquivalve, la valve gauche plus bombée que l'autre; inéquilatérale, le côté anal court, rétréci; le côté buccal moyennement large et arrondi; les crochets peu saillants et dominant un sillon oblique correspondant à la lame interne des valves.

Cette espèce voisine du *P. simplex* Orb., s'en distingue par sa forme moins allongée et plus arrondie.

Nous l'avons recueillie à Obon et à Utrillas en Aragon. Nous nous faisons un plaisir de la dédier à l'un des savants collaborateurs de M. de Verneuil.

Explication des figures.

Pl. IX, fig. 5. Coquille de grandeur naturelle. De notre collection.
— fig. 6. La même vue sur les crochets.

GENRE LAVIGNON, Cuvier.

Ce genre est représenté par une espèce unique.

99. Lavignon indifferens, H. Coquand.

Pl. IX, fig. 7-8.

Dimensions.

Longueur : 38 millimètres.
Hauteur : 24 —

Coquille oblongue, légèrement comprimée, marquée de rides irrégulières d'accroissement. Côté buccal long, étroit et arrondi; côté anal long, élargi, arrondi à son extrémité, et dépassant à peine en longueur celle du côté buccal.

Cette espèce se distingue du *Lavignon minuta* Orb., par sa forme plus allongée, la presque égalité de ses côtés buccal et anal et par la moins grande abondance de ses rides d'accroissement.

Nous l'avons recueillie à Morella (province de Castellon de la Plana), dans l'aptien inférieur.

Explication des figures.

Pl. IX, fig. 7. Coquille de grandeur naturelle. De notre collection.
— fig. 8. La même vue sur les crochets.

GENRE TELLINA.

Ce genre est représenté par une espèce unique.

100. Tellina gibba, H. Coquand.

Pl. VIII, fig. 9 et 10.

Dimensions.

Longueur : 20 millimètres.
Hauteur : 8 —
Epaisseur : 6 —

Coquille allongée, déprimée, mince, fragile, lisse, subéquilatérale, inéquivalve, marquée d'une molle inflexion sur le milieu de ses flancs. Côté anal un peu plus court que le buccal, trigone, anguleux, marqué d'une carène saillante qui part des crochets; crochets peu saillants et contigus.

Cette élégante espèce se distingue facilement des autres Tellines fossiles, par sa forme allongée et surtout par la carène qui domine l'inflexion du milieu de la valve.

Nous l'avons recueillie à Chert (royaume de Valence), dans les assises supérieures de l'étage aptien.

Explication des figures.

Pl. VIII, fig. 9. Coquille de grandeur naturelle. De notre collection.
— fig. 10. La même vue sur les crochets.

GENRE CORBULA.

Ce genre est représenté par deux espèces, dont une nouvelle.

101. Corbula striatula, Sowerby.

Synonymie.

Corbula striatula,	Sowerby, 1827, Min. conch., t. 6, p. 139, pl. 572, fig. 2-3.
Idem.	Orb., 1843, Pal. fr., Ter. crét., t. 3, pl. 388, fig. 9-13,
Idem.	Pictet et Renev., 1858, Fossiles de ter. aptien. p. 176.
Idem.	Vilanova, 1859, Memoria geognostica, pl. 3, fig. 4.

Nous avons recueilli cette espèce dans la partie supérieure de l'étage aptien à Utrillas (Aragon). Elle a été également recueillie par M. Vilanova et moi à Chert, province de Castellon.

Elle est citée dans l'aptien supérieur de la Perte du Rhône, en Suisse, en France et en Angleterre.

102. Corbula cometa, H. Coquand.

Pl. XIV, fig. 1 et 2.

Dimensions.

Longueur : 7 millimètres.

Coquille oblongue, renflée, gibbeuse, ornée de fines stries concentriques; inéquivalve, la valve inférieure très-bombée; côté buccal court, arrondi ; côté anal long, prolongé extérieurement en un bec aigu presque aussi long que la coquille.

Cette espèce, par le prolongement de son côté anal, se sépare très-franchement de toutes les autres Corbules fossiles.

Nous l'avons recueillie à Chert, (province de Castellon), dans l'aptien supérieur.

Explication des figures.

Pl. XIV, fig. 11. Coquille de grandeur naturelle. De notre collection.
— fig. 12. La même grossie.

GENRE VENUS, Linné.

Ce genre est représenté par six espèces, dont quatre nouvelles.

103. Venus Cleophe, H. Coquand.

Pl. XIV, fig. 5 et 6.

Dimensions.

Longueur : 65 millimètres.
Hauteur : 63 —
Epaisseur : 40 —

Coquille épaisse, presque aussi haute que large, lisse, subéquilatérale, équivalve, presque triangulaire; côté buccal court, excavé; côté anal long, oblique; côté palléal arrondi. Lunule cordiforme, aussi large que longue; corselet excavé; crochets peu saillants, légèrement écartés.

Cette espèce rappelle la *V. subplana*, Orb.; elle est cependant plus ramassée et plus épaisse. Nous convenons qu'il devient difficile de distinguer les unes des autres certaines formes de Venus à test lisse, provenant de terrains différents. En imposant un nom nouveau à l'exemplaire décrit en cette place, nous avons eu pour but de montrer dans tout son développement la faune du terrain aptien.

Nous l'avons recueillie dans les bancs inférieurs de l'étage aptien, à Utrillas (Aragon).

Explication des figures.

Pl. XIV. fig. 5 Coquille de grandeur naturelle. De notre collection.
— fig. 6. La même vue sur les crochets.

104. Venus Vendoperana, Orbigny.

Synonymie.

Lucina Vendoperana,	Leym., 1842, Mém. Soc. géol. de France, t. 5, p. 4, pl. 5, fig. 3.
Venus —	Orb., 1845, Pal. fr., Ter. crétacé, t. 3, p. 439.
— *neocomiensis*,	Orb., 1845, Pal. fr., Ter. crét. t. 3, Atlas, pl. 384, fig. 7 à 10.
Lucina Vendoperana,	Leymerie., 1846, Statistique géologique de l'Aube, Atlas, pl. 7, fig. 1.
Venus —	Pictet et Ren., 1856, Fossiles du terrain aptien, p. 71, pl. 7, fig. 9.

Nous avons recueilli cette espèce dans les couches supérieures du terrain aptien, à Josa, Obon, Arcaïne.

Elle existe également en Suisse et dans les départements de l'Aube et des Bouches-du-Rhône.

105. Venus Rouvillei, H. Coquand.

Pl. IX, fig. 11 et 12.

Dimensions.

Longueur : 45 millimètres.
Hauteur : 40 —
Epaisseur : 20 —

Coquille ovale, comprimée, inéquilatérale, ornée de stries d'accroissement concentriques sur toute la surface des valves; lunule cordiforme, étroite; corselet profond, caréné sur les bords; côté buccal court, arrondi; côté anal arrondi, long.

Cette espèce voisine de la *V. Ricordeana*, Orb., s'en distingue par sa forme plus épaisse, et par l'existence d'une lunule.

Nous dédions cette espèce à notre excellent ami M. de Rouville.

La *Venus Rouvillei* est très-répandue dans le terrain aptien de l'Espagne. Nous l'avons recueillie à Obon, Josa, Arcaïne.

Explication des figures.

Pl. IX, fig. 11. Coquille de grandeur naturelle. De notre collection.
— fig. 12. La même vue sur les crochets.

106. Venus Costei, H. Coquand.

Pl. XI, fig. 3 et 4.

Dimensions.

Longueur : 50 millimètres.
Hauteur : 40 —
Epaisseur : 32

Coquille arrondie, sub triangulaire, épaisse, renflée, inéquilatérale, ornée de stries d'accroissement concentriques; lunule large, excavée, cordiforme; corselet profond, caréné sur les bords; côté buccal court, arrondi; côté anal allongé.

Cette espèce se sépare de la *V. Rouvillei*, Coq., par sa forme plus renflée et sa lunule plus développée.

Nons l'avons recueillie dans l'étage aptien entre Cabra et Montalban (Aragon).

Nous la dédions à un de nos disciples, M. Coste, zélé paléontologiste.

Explication des figures.

Pl. XI, fig. 3. Coquille de grandeur naturelle. De notre collection.
— fig. 4. La même vue sur les crochets.

107. Venus silvatica, H. Coquand.

Pl. X, fig. 3 et 4.

Dimensions.

Longueur : 40 millimètres.
Hauteur : 27 —
Epaisseur : 25 —

Coquille épaisse, lisse, transverse, inéquilatèrale; côté buccal court, arrondi; côté anal long, arrondi, tronqué vers le bord palléal; lunule cordiforme, large; corselet excavé.

Nous avons recueilli cette espèce dans l'aptien de Morella.

Explication des figures.

Pl. X, fig. 3. Coquille de grandeur naturelle. De notre collection.
— fig. 4. La même vue sur les crochets.

108. Venus latesulcata, Matheron.

Synonymie.

Venus latesulcata, Matheron, Catalogue, p. 152, pl. 16, fig. 1 et 2.

Nous avons observé cette espèce dans les couches supérieures de l'étage aptien à Obon (Aragon).

Elle existe dans la même position à Fondouille.

GENRE TAPES, Megerle.

Ce genre n'est représenté que par une espèce unique.

109. Tapes parallela, H. Coquand.

Pl. XVIII, fig. 10 et 11.

Dimensions

Longueur : 31 millimètres.
Hauteur : 16 —
Epaisseur : 10 —

Coquille transverse, allongée, comprimée, très-inéquilatérale, lisse, à bords presque parallèles; côté buccal très-court, arrondi; côté anal arrondi, coupé obliquement vers la région palléale. Crochets à peine visibles, petits; lunule étroite, corselet étroit et allongé.

Nous avons recueilli cette espèce à Utrillas (Aragon), dans la partie inférieure de l'étage aptien.

Explication des figures.

Pl. XVIII, fig. 10. Coquille de grandeur naturelle. De notre collection.
— fig. 11. La même vue sur les crochets.

GENRE DOSINIA, Scopoli.

Ce genre est représenté par deux espèces, toutes deux nouvelles.

110. Dosinia Argine, H. Coquand.

Pl. XVIII, fig. 6 et 7.

Dimensions.

Hauteur : 15 millimètres.
Largeur : 13 —
Epaisseur : 8 —

Coquille triangulaire, comprimée, lisse. Crochets contournés et contigus; côté anal arrondi; corselet étroit; côté buccal court; lunule courte, cordiforme. Bord palléal arrondi.

Nous avons recueilli cette espèce dans l'aptien supérieur de Josa (Aragon).

Explication des figures.

Pl. XVIII, fig. 6. Coquille de grandeur naturelle. De notre collection.
— fig. 7. La même vue sur les crochets.

111. Dosinia Euterpe, H. Coquand.

Pl. XXIII, fig. 1 et 2.

Dimensions.

Hauteur : 33 millimètres.
Largeur : 27 —
Epaisseur : 17 —

Coquille subovoïde, arrondie, comprimée, subéquilatérale, lisse. Côté anal presque aussi court que le côté buccal; lunule non marquée; corselet profond et étroit; crochets placés dans l'axe de la coquille.

Cette espèce a été découverte par nous dans les environs de Quatro-Dineros (Aragon).

Explication des figures.

Pl. XXIII, fig. 1. Coquille de grandeur naturelle. De notre collection.
— fig. 2. La même vue sur les crochets.

GENRE CIRCE, Schumacher.

Ce genre est représenté par deux espèces, nouvelles l'une et l'autre.

112. CIRCE CONSPICUA, H. Coquand.

Pl. XI, fig. 1 et 2.

Dimensions.

Longueur : 95 millimètres.
Hauteur : 80 —
Epaisseur : 24 —

Coquille lenticulaire, comprimée, inéquilatérale, lisse marquée de quelques rides concentriques d'accroissement. Côté buccal arrondi, un peu plus court que l'anal; côté anal oblique, tronqué vers la région palléale, celle-ci arrondie. Crochets peu apparents, débordant à peine; fossette ligamentaire longue, étroite; valves très-légèrement inégales et faiblement tortueuses.

Cette magnifique espèce se sépare nettement, par sa grande taille et sa forme lenticulaire, des autres *Circe* fossiles. Nous l'avons recueillie à Gargallo et à Aliaga (Aragon), dans l'étage aptien.

Explication des figures.

Pl. XI, fig. 1. Coquille de grandeur naturelle. De notre collection.
— fig. 2. La même vue sur les crochets.

113. Circe lunata, H. Coquand.

Pl. X, fig. 1 et 2.

Dimensions.

Largeur : 120 millimètres.
Hauteur : 100 —
Epaisseur : 31 —

Coquille très-comprimée, arrondie, marquée de nombreuses stries concentriques d'accroissement, inéquilatérale. Côté buccal court, fortement échancré sous les crochets; côté anal tranchant, allongé, tronqué vers la région anale; crochets proéminents; corselet excavé ; fossette ligamentaire très-longue et très-étroite.

Cette remarquable espèce se distingue de la *C. conspicua*, Coq., par sa forme plus oblique et surtout par l'expansion de son côté buccal.

Nous l'avons recueillie dans l'aptien supérieur à Obon, Josa, Arcaïne, Cabra, Oliete, Utrillas, Aliaga (Aragon), et dans l'aptien inférieur, aux Parras de Martin, au milieu de bancs alternant avec la *Chama Lonsdalii*.

Explication des figures.

Pl. X, fig. 1. Coquille de grandeur naturelle. De notre collection.
— fig. 2. La même vue sur les crochets.

GENRE CYPRINA, Lamarck.

Ce genre est représenté par sept espèces, dont cinq nouvelles.

114. Cyprina expansa, H. Coquand.

Pl. XVIII, fig. 4 et 5.

Dimensions.

Longueur : 76 millimètres.
Hauteur : 70 —
Epaisseur : 43 —

Coquille oblongue, non triangulaire, peu renflée, lisse ou marquée de quelques lignes d'accroissement; inéquilatérale, le côté buccal court, étroit ; lunule profondément excavée; côté anal allongé, élargi, arrondi et muni d'une carène obtuse; impressions musculaires profondes.

Cette espèce est voisine de la *C. inornata*, Orb.; mais elle s'en distingue par sa forme plus arrondie, par sa lunule plus large, par la carène de son côté anal, et par sa taille gigantesque.

Nous l'avons recueillie dans l'étage aptien d'Obon (Aragon), et entre Morella et Chert (province de Castellon). Dans cette dernière localité il n'est pas rare de rencontrer des individus dont le diamètre dépasse 90 millimètres.

Explication des figures.

Pl. XVIII, fig. 4. Coquille aux deux tiers de sa grandeur naturelle. De notre collection.
— fig. 5. La même vue sur les crochets.

115. Cyprina æquilateralis, H. Coquand.

Pl. XVI, fig. 3 et 4.

Dimensions.

Longueur : 70 millimètres.
Hauteur : 68 —
Epaisseur : 55 —

Coquille triangulaire, très-épaisse, renflée, presque aussi longue que large, lisse, à peine inéquilatérale; côté buccal assez allongé, excavé; côté anal médiocrement long, arqué sur le corselet; crochets contigus, peu saillants, situés presque au milieu des valves; corselet excavé, étroit, sans carène; lunule un peu plus longue que large.

Cette espèce, par sa forme ramassée et triangulaire, due à la position des crochets, se sépare nettement des autres espèces fossiles.

Nous l'avons recueillie dans les couches aptiennes d'Arcaïne et d'Utrillas.

Explication des figures.

Pl. XVI. fig. 3. Coquille de grandeur naturelle. De ma collection.
— fig. 4. La même vue sur les crochets.

116. Cyprina curvirostris, H. Coquand.

Pl. XII, fig. 1 et 2 et pl. XIII, fig. 2.

Dimensions.

Longueur : 90 millimètres.
Hauteur : 82 —
Epaisseur : 72 —

Coquille triangulaire, épaisse, très-renflée, presque aussi longue que large, inéquilatérale; le côté buccal court, élargi, fortement excavé sous les crochets; côté anal long, étroit, arrondi; crochets très-saillants, contournés. Impressions musculaires profondes.

Cette espèce, dont la forme générale rappelle le *C. cordiformis*, Orb., s'en distingue par sa plus grande largeur, et surtout par le plus grand développement que prend le coté buccal.

Nous avons recueilli la *C. curvirostris* à Cabra, Oliete et Santolea (Aragon).

Explication des figures.

Pl. XII, fig. 1. Coquille de grandeur naturelle. De notre collection.
— fig. 2. La même vue sur les crochets.
Pl. XIII, fig. 2. La même vue par la lunule.

117. Cyprina carinata, H. Coquand.

Pl. XVIII, fig. 1, 2 et 3.

Dimensions.

Longueur : 65 millimètres.
Hauteur : 45 —
Epaisseur : 36 —

Coquille allongée, cunéiforme, médiocrement épaisse, marquée de stries d'accroissement très-rapprochées, inéquilatérale; le côté buccal court, excavé sous les crochets, le coté anal long, arrondi, pourvu d'une côte sous forme de carène qui part des crochets et arrive sur le bord palléal, celui-ci arrondi, mais éprouvant une inflexion déprimée vers la région qui correspond au crochet.

Cette espèce est voisine de la *S. Saussurei,* Pict. et Renev., mais elle s'en distingue par sa forme plus allongée et surtout par la carène de son côté anal. Elle a aussi beaucoup de rapports extérieurs avec certaines Crassatelles de la craie santonienne (*C. macrodonta* Zittel), mais l'examen de la charnière qui est visible sur six exemplaires de notre collection, ne nous laisse aucun doute sur l'exactitude de notre détermination, quant au genre du moins.

Nous l'avons recueillie dans l'aptien à Obon, à Arcaïne, à Josa, à Oliete (Aragon) et à Bell (royaume de Valence).

Explication des figures.

Pl. XVIII, fig. 1. Coquille de grandeur naturelle. De notre collection.
— fig. 2 La même vue par les crochets.
— fig. 3. La même (moule intérieur), avec impressions musculaires.

118. Cyprina inornata, Orbigny.

Synonymie.

Cyprina inornata, Orbigny, 1843, Pal. fr., Ter. crét, t. 3. p. 99. pl. 272, fig. 1 et 2.

Nous avons recueilli cette espèce à Obon, dans les couches supérieures de l'aptien.

On la signale en France, dans les argiles à Plicatules de Vassy.

119. Cyprina Saussuri, Pictet et Renevier.

Synonymie.

Donacites Saussuri,	Brongn., 1821, Ann. des Min., 6, p. 555, pl. 7, fig. 5.
Cyprina Saussuri,	Pictet et Ren., 1856, Fossiles de l'étage aptien, p. 73, pl. 8. fig. 1 et 2.

Sans discuter les synonymies dont cette espèce a été l'objet, nous rapportons à la description et aux figures données par MM. Pictet et Renevier, deux exemplaires de la *Cyprina Saussurei* que nous avons recueillis dans l'aptien d'Obon (Aragon).

En Suisse, elle existe à la Perte du Rhône.

120. Cyprina modesta, H. Coquand.

Pl. XII, fig. 3 et 4.

Dimensions.

Longueur : 30 millimètres.
Hauteur : 29 —
Epaisseur : 19 —

Coquille triangulaire, épaisse, renflée, presque aussi haute que large, inéquilatérale; le côté buccal court, excavé sous les crochets; le côté anal long, arrondi, à bords tranchants, portant, en outre, une espèce de carène obtuse qui part du sommet des crochets et vient aboutir sur le bord palléal.

Cette petite espèce se sépare bien de toutes les autres Cyprines.

Nous l'avons recueillie dans les couches supérieures de l'étage aptien à Josa (Aragon).

Explication des figures.

Pl. XII, fig. 3. Coquille de grandeur naturelle. De notre collection.
— fig. 4. La même vue par les crochets.

GENRE ISOCARDIA, Lamarck.

Ce genre est représenté par deux espèces.

121. Isocardia pusilla, H. Coquand.

Pl. XVIII, fig. 12, 13 et 14.

Dimensions.

Longueur · 12 millimètres.
Hauteur . 13 —
Epaisseur : 10 —

Coquille presque aussi longue que haute, rhomboïdale, marquée de lignes d'accroissement concentriques légères, équivalve; région anale longue, arrondie, élargie; région buccale étroite, anguleuse du côté palléal, concave sous les crochets. Crochets écartés, recourbés, moyennement saillants.

Cette espèce, par sa petite taille, se distingue facilement des autres *Isocardia* fossiles.

Nous l'avons recueillie à Josa (Aragon), dans les assises supérieures de l'étage aptien.

Explication des figures.

Pl. XVIII, fig. 12. Coquille de grandeur naturelle. De notre collection.
— fig. 13. La même vue par la lunule.
— fig. 14. La même vue par les crochets.

122. Isocardia nasuta, H. Coquand.

Pl. XI, fig. 9, 10 et 11.

Dimensions.

Longueur : 18 millimètres.
Hauteur : 18 —
Epaisseur : 13 —

Coquille aussi longue que haute, épaisse, subtriangulaire, lisse, subéquilatérale. Région anale plus longue que la buccale, arrondie; région buccale courte. Crochets contournés, lunule cordiforme; corselet allongé, étroit.

Cette espèce est remarquable par le prolongement qu'acquiert le côté dans lequel le corselet est engagé.

Nous avons recueilli cette jolie espèce à Obon, dans l'aptien supérieur.

Explication des figures.

Pl. XI, fig. 9. Coquille de grandeur naturelle. De notre collection.
— fig. 10. La même vue du côté du corselet.
— fig. 11. La même vue par les crochets.

GENRE CYPRICARDIA, Lamarck.

Ce genre est représenté par deux espèces nouvelles.

123. Cypricardia secans, H. Coquand.

Pl. XI, fig. 5 et 6.

Dimensions.

Longueur : 57 millimètres.
Epaisseur : 30 —

Coquille équivalve, très-inéquilatérale, allongée obliquement; côté buccal très-court, arrondi; côté anal plus long, plus étroit, muni d'une carène tranchante qui part du sommet des crochets et aboutit au bord palléal, et divise la valve en deux régions distinctes. Crochets subterminaux, protubérants ; charnière allongée.

Cette singulière espèce a été recueillie par nous dans l'aptien inférieur des environs de Morella.

Explication des figures.

Pl. XI, fig. 5. Coquille de grandeur naturelle. De notre collection.
— fig. 6. La même vue par le côté anal.

124. Cypricardia nucleus, H. Coquand.

Pl. XI, fig. 7 et 8.

Dimensions.

Longueur : 32 millimètres.
Epaisseur : 18 —

Coquille transverse, allongée, gibbeuse, épaisse, lisse, très-inéquilatérale; côté buccal court, excavé sous les crochets; côté anal long, arrondi, tronqué obliquement vers la région palléale; crochets subterminaux légèrement écartés, peu visibles; lunule cordiforme, petite, aussi longue que large. La coquille devient gibbeuse vers la partie supérieure des valves, et est mollement déprimée vers la région palléale.

Cette petite et élégante espèce, par sa forme gibbeuse, se distingue aisément des autres *Cypricardia*.

Nous l'avons recueillie dans les assises supérieures de l'étage aptien à Obon (Aragon).

Explication des figurse.

Pl. XI, fig. 7. Coquille de grandeur naturelle. De notre collection.
— fig. 8. La même vue par les crochets.

GENRE CORBIS, Cuvier.

Ce genre est représenté par une espèce unique.

125. Corbis corrugata, Forbes.

Synonymie.

Sphæra corrugata,	Sow., 1823, Min. conch., pl. 335.
Venus cordiformis,	Desh., 1842, Mém. Soc. géol. de France, t. 5, p. 5, pl. 5, fig. 8.
Cardium galloprovinciale,	Math., 1842, Répert. Soc. Stat. de Marseille. t. 5, p. 227, pl. 17, fig. 1-4.
Corbis cordiformis,	Orb., 1843, Pal. fr., Ter. crét., t. 3, p. 3, pl. 279.
— *corrugata*,	Forb., 1845, Quart. Journ., 1, p. 239.
Idem.	Orb., 1850, Prod., p. 78 et 106.
Idem.	Pictet et Renev., 1856, Fossiles du terrain aptien, p. 76, pl. 8, fig. 3, *a*, *b*, *c*.
Corbis cordiformis,	Vilanova, 1859, Memoria geognostica, pl. 3, fig. 13.

Nous avons recueilli cette espèce dans l'étage aptien de Armillas, Lahoz de la Vieja, Obon, Josa, Cortès, Arcaïne, Oliete, Alloza, Barabassa (Andorra), Cabra, Palomar, Quatro-Dineros, Escucha, Utrillas, Montalban, Aliaga, Gargallo (province de Teruel), ainsi qu'à Chert et Bell (province de Castellon).

Elle est signalée en France, ainsi qu'en Suisse, à la Perte du Rhône, à la Presta et à Sainte-Croix.

GENRE CARDIUM, Linné.

Ce genre est représenté par huit espèces, dont sept nouvelles.

126. Cardium Janus, H. Coquand.

Pl. XIX, fig. 1 et 2.

Dimensions.

Longueur : 90 millimètres.
Hauteur : 85 —
Epaisseur : 62 —

Coquille aussi longue que large, un peu quadrilatère, inéquilatérale, coupée carrément du côté anal, arrondie du côté buccal, ornée de sillons concentriques rapprochés, très-réguliers, aboutissant du côté arcal à une carène aiguë qui divise les valves en deux régions inégales. La portion circonscrite par les deux carènes est déprimée et occupée dans toute son étendue par un système de côtes aiguës, serrées et transverses aux premières.

Cette espèce, par sa grande taille et quelques-uns de ses ornements, rappelle le *C. impressum*, Desh. Mais celui-ci ne possède point de côtes concentriques, et de plus, il n'a sur le côté buccal que dix ou onze côtes transverses, séparées du bord anal proprement dit par un intervalle lisse, assez large, tandis que dans le *C. Janus* cette région est occupée entièrement par des côtes transverses.

Elle offre de plus grandes ressemblances avec le *C. Hillanum*.

Nous avons découvert cette magnifique espèce dans les bancs supérieurs de l'étage aptien à Aliaga et Santolea (Aragon).

Explication des figures.

Pl. XIX, fig. 10. Coquille de grandeur naturelle. De notre collection.
— fig. 2. La même vue par la région anale.

127. Cardium Euryalus, H. Coquand.

Pl. XVIII, fig. 8 et 9.

Dimensions.

Hauteur : 32 millimètres.
Largeur : 32 —
Epaisseur : 24 —

Coquille subtriangulaire, un peu transverse, épaisse, aussi haute que large; côté anal court; côté buccal oblique, tronqué vers la région palléale. Les valves sont ornées de côtes faibles, espacées et couvertes de granulations écartées. Ces côtes s'interrompent vers une carène obtuse qui limite la région du corselet.

Nous avons recueilli cette espèce dans l'aptien supérieur d'Obon (Aragon).

Explication des figures.

Pl. XVIII, fig, 8. Coquille de grandeur naturelle. De notre collection
— fig. 9. La même vue par les crochets.

128. Cardium amænum, H. Coquand.

Pl. X, fig. 9.

Dimensions.

Largeur : 35 millimètres.
Hauteur . 30 —

Coquille plus longue que haute, transverse; côté buccal court et arrondi; côté anal arrondi : ornée en travers de petites côtes rapprochées, se croisant avec des stries concentriques fines et des lignes espacées d'accroissement. Cette espèce est voisine du *C. Cottaldinum*, Orb., elle s'en distingue par sa forme transverse et par ses côtes bien prononcées.

Nous l'avons recueillie à Cabra (Aragon), dans les assises supérieures de l'aptien.

Explication de la figure.

Pl. X, fig. 9. Coquille de grandeur naturelle. De notre collection.

129. Cardium comes, H. Coquand.

Pl. XIX, fig. 3 et 4.

Dimensions.

Longueur : 50 millimètres.
Hauteur : 52 —
Epaisseur : 31 —

Coquille presque aussi longue que haute, arrondie, subéquilatérale : côté anal un peu plus allongé et un peu plus oblique que le côté buccal ; ornée sur le côté anal de vingt côtes rayonnantes rapprochées ; le reste de la coquille lisse ou bien marqué de gros plis concentriques irrégulièrement espacés et dûs à des accroissements successifs. La région occupée par les côtes n'est séparée de l'autre par aucune carène.

Cette espèce rappelle les *Cardium impressum*, Desh.; *C. Janus*, Coq. et *C. Hillanum*, Sow. Elle se distingue du premier par un groupement tout différent dans le système des côtes rayonnantes, du second par l'absence complète de carène et par l'absence de côtes concentriques.

Nous l'avons recueillie à Josa, à Obon, à Arcaïne (Aragon), dans l'aptien supérieur.

Explication des figures.

Pl. XIX, fig. 3. Coquille de grandeur naturelle. De notre collection.
— fig. 4. La même vue par les crochets.

130. Cardium Ibbetsoni. Forbes.

Synonymie.

Cardium Ibbetsoni. Forbes, 1845, Quart. journal, Soc., t. 1, p. 243, pl. 2, fig. 9.
Idem. Orbigny, 1850, Prodr., t. 2, p. 118.
Idem. Pictet et Renev., 1856, Fossiles du terrain aptien, p. 78, pl. 9, fig. 1 et 2.

Cette espèce a été recueillie par nous dans les assises aptiennes d'Obon (Aragon).

On la signale dans la même position en Suisse, à la Perte du Rhône, à Sainte-Croix, à la Presta ainsi qu'en Angleterre.

131. Cardium Amphitritis, H. Coquand.

Pl. IX, fig. 9 et 10.

Dimensions.

Longueur : 46 millimètres.
Hauteur : 52 —
Epaisseur : 40 —

Coquille plus haute que longue, épaisse, coupée presque carrément des deux côtés, presque équilatérale, côté anal court, coupé carrément; côté buccal un peu plus court et plus arrondi. Crochets peu saillants.

Cette curieuse espèce a été recueillie par nous dans les couches supérieures de l'étage aptien de Bell (royaume d'Aragon).

Explication des figures.

Pl. IX, fig. 9. Coquille de grandeur naturelle. De notre collection.
— fig. 10. La même vue par les crochets.

132. Cardium miles, H. Coquand.

Pl. XV, fig. 1 et 2.

Dimensions.

Longueur : 23 millimètres.
Hauteur : 23 —
Epaisseur : 16 —

Coquille aussi haute que large, épaisse, inéquilatérale, le côté anal un peu plus allongé que le côté buccal ; ornée sur le côté anal de quatorze à seize côtes rayonnantes, rapprochées et sur le reste des valves par un système de stries concentriques, très-fines, très-régulières et souvent granulées.

Cette espèce se rapproche beaucoup du *Cardium Hillanum* Sow.; mais il s'en distingue franchement par son absence de carènes. Elle offre aussi une grande ressemblance avec le *C. comes* Coq.; comme lui, elle manque de carène; mais elle possède des stries concentriques, tandis que celui-ci est lisse. Il ne serait pas impossible que le *C. miles* ne fût que le *C. comes* à l'état jeune.

Notre espèce offre encore des affinités plus grandes avec le *C. peregrinorsum*, tel qu'il est figuré dans le grand ouvrage de d'Orbigny sur les fossiles de l'Amérique méridionale. Cependant, comme l'examen des figures nous laisse beaucoup d'incertitudes, à cause de quelques différences importantes, nous n'avons pcint osé proposer l'assimilation de notre *Cardium* avec celui de l'Amérique.

Nous l'avons recueillie dans les couches aptiennes d'Arcaïne, d'Utrillas et d'Aliaga (Aragon).

Explication des figures.

Pl. XV, fig. 1 Coquille de grandeur naturelle. De notre collection.
— fig. 2. La même vue par les crochets.

133. Cardiumbidorsatum, H. Coquand.

Pl. XII, fig. 5, 6 et 7.

Dimensions.

Epaisseur : 10 millimètres.
Longueur : 12 —
Hauteur : 13 —

Coquilleplus haute quelarge, gibbeuse, subtriangulaire, subéquilatérale, portant une double carène partant des crochets, dont l'un se rend vers la région anale et l'autre vers la région buccale : les valves sont ornées de côtes rayonnantes très-fines et très-régulières.

Cette espèce par ses côtes rayonnantes se rapproche du *C. Ibbetsoni* Forbes ; mais elle s'en distingue par sa double carène.

Nous l'avons recueillie à Chert, dans les bancs supérieurs de l'étage aptien.

Explication des figures.

Pl. XII, fig. 5. Coquille de grandeur naturelle. De notre collection
— fig. 6. La même vue sur les crochets.
— fig. 7. La même vue par le corselet.

GENRE CARDITA, Bruguieri.

Ce genre n'est représenté que par une seule espèce.

134. Cardita pinguis, H. Coquand.

Pl. XV, fig. 3 et 4.

Dimensions.

Longueur : 45 millimètres.
Hauteur : 40 —
Epaisseur : 40 —

Coquille presque aussi large que longue, oblique, subtriangulaire, fortement renflée et gibbeuse, ornée en travers de vingt-quatre côtes rayonnantes, plus étroites que leurs intervalles, avec lesquelles viennent se croiser assez régulièrement des stries concentriques, très-rapprochées, chaque croisement étant marqué par une petite saillie lamelleuse qui rend les côtes dentées comme une scie; très-équilatérale; le côté buccal coupé carrément; le côté anal allongé, un peu rétréci en avant et tronqué. Corselet excavé : lunule cordiforme, plus large que longue.

Cette espèce ressemble à la *C. Dupiniana* Orb; mais elle s'en distingue par sa forme plus globuleuse, sa plus grande taille et par l'espacement bien plus considérable de ses côtes; ces dernières s'élèvent au nombre de trente-six dans celle-ci.

Nous l'avons recueillie dans la partie supérieure de l'étage aptien à Arcaïne et à Obon (Aragon).

Explication des figures.

Pl. XV, fig. 3. Coquille de grandeur natnrelle. De notre collection.
— fig. 4. La même vue par les crochets.

GENRE ASTARTE, Sowerby.

Ce genre est représenté par huit espèces, dont six sont nouvelles.

135. Astarte obovata, Sowerby.

Pl. XIII, fig. 3 et 4.

Synonymie.

Astarte obovata. Sow., 1822, Min. conch., pl. 353.

Astarte Brunneri, Pictet et Roux, 1852, Grès verts, p. 435, pl. 32' fig. 3.
— *gurgitis*, Pictet et Roux, 1852, Grès verts, p. 436, pl. 33 fig. 1.

Les différences notables que les exemplaires que nous possédons de l'Espagne présentent avec les *Astarte Beaumonti* Leymerie et *A. transversa* du même auteur, nous ont porté à ne tenir compte que des descriptions et des figures données par MM. Pictet et Renevier, dans leur monographie du terrain aptien.

Nous avons recueilli l'*Astarte obovata* dans les couches supérieures de l'aptien à Josa, Obon, Arcaïne, Aliaga (Aragon) et aux environs de Morella, province de Castellon. Entre Morella et Chert, sur la vieille route, un peu avant d'aboutir à la rivière de Vinaros, nous avons découvert une couche très-fossilifère et contenant en grande abondance, et dans un très-bon état de conservation, une Astarte de petite taille qui ne diffère en rien, sinon par la taille, de l'*Astarte obovata*. Les individus d'Arcaïne et d'Obon atteignent quelquefois les dimensions de quatre-vingts millimètres, tandis que ceux de la dernière localité ne dépassent pas trente-cinq millimètres.

Elle existe dans la même position en Suisse, à la Perte du Rhône ainsi qu'à Fondouille.

Explication des figures.

Pl. XIII, fig. 3. Individu jeune de grandeur naturelle. De notre collection.
— fig. 4. Le même vue par les crochets.

136. Astarte lurida, H. Coquand.

Pl. X, fig. 7 et 8.

Dimensions.

Largeur : 16 millimètres.
Hauteur : 11 —
Epaisseur : 7 —

Coquille allongée, transverse, médiocrement renflée, très-inéquilatérale, côté buccal beaucoup plus court, arrondi et séparé des crochets par une lunule profonde. Côté anal oblique portant une carène saillante, parallèle à ce même côté qui limite le corselet. Corselet étroit et à bords tranchants. La coquille est marquée de stries fines d'accroissement.

Cette jolie espèce, par sa petite taille et sa forme allongée, se distingue des autres *Astarte* fossiles.

Nous l'avons recueillie dans les bancs supérieurs de l'étage aptien à Chert où elle n'est pas rare.

Explication des figures.

Pl. X, fig. 7. Coquille de grandeur naturelle. De notre collection.
— fig. 8. La même vue par les crochets.

137. Astarte dimidiata, H. Coquand.

Pl. X, fig. 5 et 6.

Dimensions.

Largeur : 17 millimètres.
Hauteur : 19 —
Epaisseur : 11 —

Coquille presque aussi large que haute, gibbeuse, triangulaire, médiocrement renflée; côté buccal un peu plus court, oblique, séparé des crochets par une lunule profonde : côté anal tronqué obliquement vers la région palléale. Une carène partant du sommet des crochets divise la valve en deux parties inégales, dont l'anale n'occupe guère que le tiers. Crochets saillants et contigus. La coquille est marquée de stries concentriques d'accroissement.

Cette espèce, par sa forme triangulaire et sa carène médiane, se distingue nettement de l'*Astarte lurida*, Coq.

Explication des figures.

Pl. X, fig. 5. Coquille de grandeur naturelle. De notre collection.
— fig. 6. La même vue par les crochets.

138. Astarte gravida, H. Coquand.

Pl. XXI, fig. 3 et 4.

Dimensions.

Longueur : 80 millimètres.
Hauteur : 76 —
Epaisseur : 52 —

Coquille presque aussi haute que large, très-épaisse, renflée, subtriangulaire, inéquilatérale. Côté anal très-long, légèrement abrupte; côté buccal court, excavé sous les crochets; les valves sont ornées de stries fines d'accroissement auxquelles se mêlent, à des intervalles inégaux, de gros plis concentriques.

Cette espèce, par sa forme élevée, épaisse et triangulaire, se distingue nettement des autres Astartes.

Je l'ai recueillie à Morella, dans le quartier de la Torre del Baile (royaume de Valence), au milieu des terrains aptiens.

Explication des figures,

Pl. XXI, fig. 3. Coquille de grandeur naturelle. De notre collection.
— fig. 4. La même vue par les crochets.

139. Astarte princeps, H. Coquand.

Pl. XV, fig. 3 et 4.

Dimensions.

Longueur : 100 millimètres.
Hauteur : 80 —
Epaisseur : 50 —

Coquille beaucoup plus longue que large, comprimée, ovale-oblongue, très-inéquilatérale ; côté buccal court, excavé sous les crochets ; côté anal plus long, arrondi. Les valves sont ornées de stries d'accroissement fines et très-rapprochées. Corselet étroit, allongé : lunule étroite et courte.

Cette espèce est voisine de l'*A. Moreauna*, Orb.; mais elle s'en distingue par sa forme plus allongée et par l'excavation qu'elle présente sur les crochets.

Nous l'avons recueillie dans les couches aptiennes supérieures d'Aliaga (Aragon) et de Morella (province de Castellon).

Explication des figures.

Pl. XV, fig. 3 Coquille de grandeur naturelle. De notre collection.
— fig. 4. La même vue par les crochets.

140. Astarte laticosta, Deshayes.

Synonymie.

Astarte laticosta,	Desh., 1842, in Leym., Mém. Soc. géol. de France, t. 5, p. 4, pl. 4, fig. 4.
— *striato-costata*,	Orb., 1843, Pal. fr., Ter. crét., t. 3, p, 64, pl. 262, fig. 7 à 9.
— *subcostata*,	Orb., 1850, Prodr. 2. p. 77.
— *laticosta*,	Pictet et Renev., 1857, Fossiles du terrain aptien, p. 88, pl. 10, fig. 2, *a*, *b*, *c*, *d*.

Nous avons observé cette espèce dans les couches supérieures de l'étage aptien à Josa (Aragon).

Elle existe en Suisse, à la Perte du Rhône, et en France à Vassy.

Astarte amygdala, Coquand.

Pl. XVI, fig. 1 et 2.

Dimensions.

Longueur : 37 millimètres.
Hauteur : 27 —
Epaisseur : 16 —

Coquille beaucoup plus longue que large, comprimée, ovale-oblongue, très-inéquilatérale ; côté buccal court, excavé sous les crochets ; côté anal long, tronqué vers le bord palléal, caréné vers la région du corselet. Les valves sont ornées à leur sommet de côtes concentriques très-régulières qui, à mesure que la coquille grandit, se convertissent en simples stries d'accroissement très-fines et très-rapprochées. Corselet large.

Cette espèce, dont nous possédons une série complète, se sépare nettement de l'*A. obovata*, à laquelle on peut l'assimiler à première vue, par sa forme bien plus dégagée et plus allongée.

Nous l'avons recueillie dans l'aptien inférieur entre Morella et Chert.

Explication des figures.

Pl. XVI, fig. 1. Coquille de grandeur naturelle. De notre collection.
— fig. 2. La même vue par les crochets.

142. Astarte triangularis, H. Coquand.

Pl. XV, fig. 5 et 6.

Dimensions.

Largeur : 33 millimètres.
Hauteur : 30 —
Epaisseur : 14 —

Coquille presque aussi haute que large, subtriangulaire, renflée, inéquilatérale. Côté anal long, abrupte, à bords tranchants : côté buccal court, abrupte; région palléale arrondie. Les valves sont ornées de stries concentriques, très-régulières et très-rapprochées.

Cette espèce offre, quant à l'ornementation, la plus grande ressemblance avec l'*Astarte amygdala*; elle s'en sépare par sa forme franchement triangulaire.

Nous l'avons recueillie entre Morella et Obon, dans les bancs les plus inférieurs de l'étage aptien.

Explication des figures.

Pl. XV, fig. 5. Coquille de grandeur naturelle. De notre collection.
— fig. 6. La même vue par les crochets.

GENRE CRASSATELLA, Lamarck.

Ce genre n'est représenté que par l'espèce suivante.

143. Crassatella dædalea, H. Coquand.

Pl. XX, fig. 1 et 2.

Dimensious.

Longueur totale : 110 millimètres.
Hauteur : 55 millimètres.
Epaisseur : 37 millimètres.

Coquille ovale, oblongue, comprimée, très inéquilatérale. Côté buccal arrondi; côté anal plus allongé, mais également arrondi. Crochets à peine apparents. Lunule étroite et allongée. Les valves sont divisées en deux régions inégales par une carène oblique qui, sous forme d'une côte grossière, part du sommet et se rend à la région palléale du côté anal.

La surface de la coquille est ornée d'un triple système de côtes. Les unes, qui couvrent la région anale, sont étroites, assez rapprochées, peu saillantes et partent du crochet. Les secondes sont disposées en chevrons, dont les sommets forment une ligne qui va du crochet à l'extrémité buccale du bord palléal. Elles sont généralement très-fines, très-rapprochées, et chez les individus adultes n'atteignent pas le bord palléal. Enfin, le troisième système consiste en des côtes grossières, espacées, parallèles aux lignes d'accroissement, séparées par des sillons de plus faible largeur et formant, par leur intersection avec les premières, une espèce de damier à compartiments inégaux et irréguliers. Le bord du corselet se présente sous la forme d'une arète raboteuse. La région des valves comprise entre la carène et la région anale ne participe pas à l'ornementation générale de la coquille et ne reçoit que des stries d'accroissement.

Cette espèce, par son triple système contrastant de côtes, par sa forme comprimée et par la carène qui divise les valves en deux régions inégalement ornementées, se sépare des autres Crassatelles fossiles.

Elle offre toutefois des ressemblances assez grandes avec la *C. Buchiana* de Karsten (*Geognostischen Verhaeltnisse des Westlichen Columbien*, 1858, p. 113, pl. V, fig. 7) : mais elle s'en distingue par la carène de ses valves ainsi que par l'excavation de son corselet.

On peut la comparer aussi à l'individu que MM. Pictet et Renevier ont figuré et décrit dans les fossiles du terrain aptien de la Perte du Rhône, sous le nom de *Crassatella Robinaldina*, p. 91, pl. XI, fig. 2 et 3. Il est peu probable que les individus recueillis par les savants suisses se rapportent à la *C. Robinaldina* Orbigny. Seraient-ils des individus jeunes de notre *C. dædalea*, chez lesquels la carène ne se serait pas encore développée? C'est là une question qu'il ne nous appartient pas de trancher, du moins à la seule inspection des planches.

Nous avons recueilli cette espèce dans les couches supérieures de l'étage aptien, à Obon, Arcaïne, Cabra et Oliete (Aragon), où elle se montre assez abondante.

Explication des figures.

Pl. XX, fig. 1. Coquille de grandeur naturelle. De notre collection.
— fig. 2. La même vue par les crochets.

GENRE TRIGONIA, Bruguière.

Ce genre est représenté par onze espèces, dont deux sont nouvelles.

144. Trigonia peninsularis, H. Coquand.

Pl. XXIII, fig. 3.

Dimensions.

Hauteur : 85 millimètres.
Largeur : 75 —

Coquille oblongue, triangulaire, légèrement transverse, très-inéquilatérale ; côté buccal très-court, régulièrement arqué ; côté anal allongé, anguleux. Corselet large, abrupte, continuant à peu près la courbure des flancs : les deux côtés se rencontrant sur le bord cardinal en forment une carène proéminente et festonnée. Ce corselet est séparé des flancs par cette carène qui, aiguë et tranchante près du sommet, devient graduellement obtuse vers le bord palléal. Entre cette carène et le bord externe du côté anal, on en observe une deuxième moins saillante que la première, mais tranchante et festonnée comme elle au sommet, et devenant très-obtuse à la partie inférieure ; la surface entière occupée par le corselet est sillonnée par des côtes transversales, irrégulières et rugueuses que coupent à angle droit des stries d'accroissement. Les flancs sont labourés par un système de côtes rapprochées, tranchantes, obliques vers la région des crochets, légèrement arquées vers le côté buccal et s'interrompant brusquement contre la première carène ; devenant plus flexeuses vers la région palléale, tout en conservant leur parallélisme et s'évanouissant insensiblement vers le voisinage de la carène, où elles se confondent avec les stries d'accroissement qui accidentent la région du corselet.

Cette remarquable Trigonie ne peut être confondue

avec aucune autre espèce fossile, du moins à notre connaissance.

Elle a été recueillie dans l'étage aptien des environs de Morella (royaume de Valence).

Explication de la figure.

Pl. XXIII, fig. 3. Coquille de grandeur naturelle. De notre collection.

145. Trigonia Picteti, H. Coquand.

Pl. XXV, fig. 1, 2, 3, 4.

Dimensions.

Hauteur : 48 millimètres.
Largeur : 43 —
Epaisseur : 29 —

Coquille subtriangulaire, un peu plus large que haute, inéquilatérale ; côté buccal court, régulièrement arrondi ; crochets peu saillants, contigus ; région anale oblique, tronquée vers la région palléale. Une carène tranchante à sa naissance, mousse à son extrémité, portant des crochets, circonscrit un corselet à bords crénelés et limités à leur tour par une seconde carène intérieure, tranchante et concentrique à la première. La coquille est ornée de grosses côtes longitudinales, nombreuses, séparées par des sillons d'égale dimension, régnant dans toute sa longueur, sauf dans la région interne des carènes qui est lisse ou ne porte que des stries d'accroissement, lesquelles persistent dans l'intervalle des côtes ; celles-ci s'atténuent et tendent à disparaître vers le bord palléal, de manière que vers le sommet, la coquille paraît appartenir plutôt au genre *Astarte* qu'au genre *Trigonie*, tandis qu'elles passent sur le corselet vers la région des crochets.

Cette espèce, par ses côtes larges et épaisses, se rapproche de la *Trigonia longa* Agassiz ; mais elle s'en distingue très-nettement par sa forme plus ramassée, par sa double carène et sa petite taille.

Nous avons recueilli cette espèce dans les couches supérieures de l'étage aptien, à Obon, Oliete, Arcaïne et Josa (Aragon). Nous en possédons une série complète.

Description des figures.

Pl. XXV, fig. 1. Coquille de grandeur naturelle. De notre collection.
— fig. 2. La même vue par les crochets.
— fig. 3. Individu jeune.
— fig. 4. Le même vu par les crochets.

146. Trigonia abrupta, de Buch.

Pl. XXIII, fig. 4-5.

Synonymie.

Trigonia abrupta, de Buch, 1839, Pétrificatious recueillies en Amérique, p. 17, fig. 21 et 22.

Idem. Orb., 1842, Fossiles de Colombie, voyage dans l'Amér. mérid., p. 86, pl. 19, fig. 4-6.

Idem. Orb., 1850, Prodr., t. 2.

Dimensions.

Hauteur : 65 millimètres.
Largeur : 65 —
Epaisseur : 43 —

Voici en quels termes de Buch établit la description de son espèce :

« Les plis verticaux, qui descendent tout droit, sans aucune inflexion, depuis le bord supérieur vers l'inférieur, lui donnent un caractère particulier et facile à saisir. Ces plis se raccourcissent à mesure qu'ils s'avancent vers l'extrémité du côté postérieur, et enfin s'évanouissent. On en compte dix, peu éloignés l'un de l'autre. Ils couvrent trois quarts de la largeur du côté. En approchant vers les crochets ils commencent à se tourner tant vers les crochets que vers le côté antérieur et ils finissent par se changer en plis horizontaux, ou courbés, qui traversent le côté antérieur. Ils sont alors granulés par des stries d'accroissement, le reste des plis est lisse. Mais il n'y a qu'un petit nombre de plis horizontaux, qui soit combiné ainsi avec les plis verticaux au-dessous des crochets. Arrivés à la moitié de la longueur de la valve, ils ne tournent plus, mais se terminent abruptement aux plis verticaux. Ils disparaissent entièrement vers le bord inférieur. Cette disposition peu fréquente se retrouve, d'une manière assez remarquable, sur la *Trigonia sulcata*

Goldf., pl. 137, fig. 7, de la craie près du Havre. Mais la trigonie américaine n'a que cinq plis horizontaux sans courbure ; la trigonie du Havre en fait observer un nombre considérable, et ils s'avancent jusque vers la moitié du côté,

« Le contour de la *Trigonia abrupta* est un triangle rectangle, dont l'angle droit est arrondi. Le côté postérieur fait remarquer un gros pli des deux côtés de l'écusson; on n'y observe de plus que des stries d'accroissement très-fines et transverses, mais point de stries verticales. »

Cette espèce a été recueillie par M. de Humboldt à Chitasaque près de Socarro, associée à l'*Ammonnites galeatus* et à une *Janira* qui, d'après les détails fournis par de Buch, doit appartenir à la *J. Morrisi*.

Les exemplaires que nous avons recueillis dans la péninsule espagnole et qui offrent la série complète de tous les âges, se rapportent exactement à la description qui précède et appartiennent, à ne pas en douter, à la *Trigonia abrupta* de Buch. Seulement on observe quelques légères différences qui tiennent, suivant toute vraisemblance, aux influences locales. Cette raison nous détermine à décrire les caractères de la *Trigonia abrupta* européenne.

Coquille triangulaire, inéquilatérale, pourvue d'une carène aiguë vers la région des crochets et devenant obtuse à mesure qu'elle se dirige vers la région palléale où elle finit par s'effacer. Du sommet des crochets et se détachant successivement de la carène où elles viennent aboutir, se détachent des côtes d'abord étroites, mais qui au milieu de leur parcours tournent vers le côté buccal en décrivant des courbes concentriques. Il résulte de ce changement de direction, qui s'effectue toujours avec beaucoup de régularité, une disposition en forme de chevrons aux points où le rebroussement s'opère : d'où il résulte que chez les individus jeunes, tels que celui que de Buch a eu à sa disposition, les côtes restées droites, auraient subi la courbure des autres plis, si la coquille avait pu se développer davantage.

La région circonscrite par les carènes est marquée de stries fines transversales, un peu obliques.

Nous avons recueilli la *Trigonia abrupta* dans les couches supérieures de l'étage aptien à Josa, Obon et Arcaïne (Aragon), où elle est associée à la *T. Hondaana*.

Explication des figures.

Pl. XXIII, fig. 4. Coquille de grandeur naturelle. De notre collection.
— fig. 5. La même vue par les crochets.

147. Trigonia nodosa, J. Sowerby.

Synonymie.

Trigonia nodosa,	J. Sow., 1826, Min. conch., pl. 507.
Idem.	Pictet et Roux, 1852, Grès verts, p. 454, pl. 35, fig. 5.
Idem.	Pictet et Renevier, 1857, Fossiles du terrain aptien, p. 94, pl. 12, fig. 2, *a*, *b*.

Nous avons recueilli cette espèce dans les couches aptiennes des environs de Morella (province de Castellon), où elle paraît être rare.

Elle a été rencontrée en Suisse, à la Perte du Rhône.

148. Trigonia caudata, Agassiz.

Synonymie.

Trigonia caudata,	Ag., 1840, Etud. crit., Trigonies, p. 32, pl. 7, fig. 1 à 3 et fig. 11 à 13.
Trigonia subcrenulata,	Orb., 1842, Fossiles de Colombie, Voy. dans l'Amér. mérid., p. 87, pl. 19, fig. 10 et 11 (Exemplaire mutilé).
— *caudata*,	Orb., 1843, Pal. fr., Ter. crét., t. 3, p. 133, pl. 287.
Idem.	Mantell, 1847, Geological Excurs. round the Isle of Wight., pl. 4, fig. 1.
Trigonia aliformis,	Pictet et Roux, 1852, Grès verts, p. 450, p. 35, fig. 1.
Trigonia caudata,	Pictet et Renev., 1857, Fossiles du terrain aptien, p. 97, pl. 13, fig. 1 et 2.

Nous avons recueilli cette espèce à Barabassa, à Oliete, à Arcaïne, à Cortès, à Lahoz de la Vieja (Barranco redondo), à Obon, à Josa, à Utrillas, aux Parras de Martin, à Aliaga, à Escucha, à Montalban, à Cabra, à Palomar, à Quatro-

Dineros (province de Teruel), ainsi qu'à Chert, Bell, Castell de Cabres, Morella (province de Castellon).

Elle n'est pas rare en France. En Suisse elle a été signalée à la Perte du Rhône et à Sainte-Croix.

149. Trigonia aliformis, Parkinson.

Synonymie.

Trigonia aliformis,	Park., 1811, Org. Rem., t. 3, p. 176, pl. 12, fig. 9.
Idem.	Sow., 1818, Min. conch., pl. 215.
Idem.	Ag., 1840, Etudes crit., Trig., p. 31, pl. 7, fig. 14 à 16.
Idem.	Orb., 1843, Pal. fr., Ter. crét., t. 3, p. 143, pl. 291, fig. 1 à 3.
Idem.	Pictet et Roux, 1852, Grès verts, p. 450, pl. 32, fig. 2.
Idem.	Pictet et Renev., 1857, Fossiles du terrain aptien, p. 99, pl. 14, fig. 1 et 2.

Nous n'avons recueilli qu'un exemplaire unique de cette espèce de Trigonie que nous considérons comme une simple variété de la *T. caudata*. Elle se rencontre à Morella et Obon, dans les assises supérieures de l'aptien.

On la cite en Suisse à la Perte du Rhône.

150. Trigonia longa, Agassiz.

Synonymie.

Trigonia longa,	Ag., 1840, Etud. crit., Trig., p. 47, pl. 8, fig. 1.
— *Lajoyei,*	Desh., 1842, in Leym., Mém. Soc. géol. de France, t. 5, p. 7, pl. 8, fig. 4.
Idem.	Orb., 1842, Voy. dans l'Amér. mérid., Paléont., p. 87, pl 19, fig. 10 à 11; Foss. de Colombie, p. 53, pl. 4, fig. 10 à 11, de Santa-Fé de Bogota.
Trigonia longa,	Orb., 1848, Pal. fr., Ter. crét., t. 3, p. 130, pl. 285.
Idem.	Pictet et Renevier, 1857, Fossiles du ter. aptien, p. 102, pl. 14, fig. 3, *a*, *b*.
Trigonia Coquandiana,	Pictet et Renev., 1857, Fossiles du terrain aptien, p. 103, pl. 13, fig. 3, *a*, *b*, *c*, (non Orbigny).

Nous avons recueilli cette espèce à Josa, à Obon et Arcaïne, dans les assises supérieures de l'étage aptien, où elle n'est pas rare.

En Suisse, elle est citée à la Perte du Rhône.

Nota. — Nous considérons la *Trigonia Coquandiana* figurée par M. Pictet comme une simple variété de la *T. longa*. Les différences citées par cet auteur sont trop légères pour motiver la séparation qu'il propose. Nous possédons une série de *T. longa* parmi lesquelles il serait facile de signaler des différences plus prononcées.

Nous n'avons eu d'ailleurs qu'à comparer ces variétés avec l'exemplaire type de la *T. Coquandi*, sur lequel d'Orbigny a basé sa description, pour repousser toute assimilation entre cette espèce qui est rhotomagienne et la *T. longa* qui est aptienne.

151. Trigonia Lamarckii, Matheron.

Synonymie.

Trigonia Lamarckii,	Matheron, 1842, Catalogue, p. 167, pl. 22, fig. 5-9.
Idem.	Orb., 1850, Prodr., t. 2.

Cette espèce a été décrite par M. Matheron en 1842, d'après des échantillons recueillis dans l'aptien de Fondouille, près de Marseille.

Elle est commune dans l'aptien supérieur de l'Espagne.

Nous l'avons recueillie à Aliaga (Aragon).

C'est à tort que cet auteur l'a attribuée à la craie chloritée et M. d'Orbigny à l'étage sénonien.

Elle est essentiellement aptienne,

152. Trigonia carinata, Agassiz.

Synonymie.

Trigonia carinata,	Agasssiz, 1840. Trigonies, pl. 7, fig. 7-10, p. 43.
— *sulcata,*	Agas., 1840, Trigonies, pl. 8, fig. 5, pl. 11, fig. 16, p. 44.
— *harpa,*	Deshayes, in Leym., 1842, Mém. Soc. géol. de France, t. 5, pl. 9, fig. 7.
Idem.	Matheron, 1843, Catal., p. 166, pl. 22, fig. 1-2.

Nous rapportons avec doute à la *T. carinata*, une valve de *Trigonia* que nous avons recueillie à Morella dans l'étage aptien à orbitolites. Elle ressemble exactement aux figures de la *T. harpa* Matheron, et que l'on trouve assez abondamment dans les couches aptiennes de Fondouille (Bouches-du-Rhône).

153. Trigonia Hondaana, Lea.

Pl. XXIV, fig. 1 et 2.

Synonymie.

Trigonia Hondaana,	Lea, 1840, Trans. Am. Phil. Soc., 2ᵉ série, v. 7, p. 6, pl. 9, fig. 9.
— *Gibboniana*,	Lea, 1841, Trans. Amer. Phil. Soc., 2ᵉ série, t. 7, pl. 9, fig. 7.
— *Boussingaultii*,	Orb., 1842, Fossiles de Colombie, recueillis par M. Boussingault.
— *Hondaana*,	Orb., 1850, Prodr., t. 2, p. 106.
Trigonia..........	Sp. nov., Vilanova, 1859, Memoria geognostica, pl. 13, fig. 18.

Voici la description textuelle qu'a donnée de cette espèce M. Léa (1) : Testâ ovato-trigonâ, inflatâ, multicostatâ : costis transversis, tuberculato-nodosis; arcâ posticâ, elevatâ, crebrissimè nodosâ.

Les exemplaires que nous avons recueillis en Espagne se rapportent exactement à cette description : seulement dans les individus âgés, les nodosités que l'on observe sur les côtes acquièrent des proportions plus considérables.

Cette espèce a été découverte par M. Léa, à Found Between Guadems et Honda, dans la Nouvelle-Grenade; plus tard d'Orbigny la retrouvait dans la Colombie et la décrivait sous le nom de *T. Boussingaulti*. Le premier la rapportait au terrain jurassique et le second à l'étage néocomien. Elle est positivement aptienne en Espagne, car elle est associée à l'*Heteraster oblongus*, à l'*Ammonites fissicostatus* et à l'*Ostrea Boussingaulti*.

(1) *Notice of the oolitic formation in America, with descriptions of some of its organic Remains*, by Isaac Lea.

Nous l'avons recueillie à Obon, à Josa, à Arcaïne (Aragon). M. Vilanova la signale à Morella (royaume de Valence).

M. Brossard nous en a communiqué deux exemplaires provenant de la subdivision de Sétif, province de Constantine et trouvés également dans l'étage aptien.

Explication des figures.

Pl. XXIV, fig. 1. Coquille de grandeur naturelle. De notre collection.
- fig. 2. La même vue par les crochets.

154. Trigonia ornata, Orbigny.

Synonymie.

Trigonia ornata,	Orbigny, 1843, Pal. fr., Ter. crét., t. 3, p. 136, pl. 288, fig. 5 à 9.
Idem.	Pictet et Renev., 1858, Fossiles du ter. aptien, p. 96, pl. 12, fig. 4, *a*, *b*, *c*.

Cette espèce est commune dans l'aptien supérieur. Nous l'avons recueillie à Obon, Arcaïne, Josa, Utrillas et Aliaga (Aragon).

Elle est signalée en Suisse, à la Perte du Rhône et à Sainte-Croix, en France à Vassy et dans les Bouches-du-Rhône.

GENRE ARCA, Linné.

Ce genre est représenté par quatre espèces nouvelles.

155. Arca Sablieri, H. Coquand.

Pl. XIV, fig. 7 et 8.

Synonymie.

Arca fibrosa,	Vilanova, 1859, Memoria geognostica, pl. 2, fig. 13,

Dimensions.

Longueur : 52 millimètres.
Largeur : 48 —
Epaisseur : 40 —

Coquille renflée, trapézoïde, un peu carrée, ornée de côtes rayonnantes, nombreuses, régulièrement espacées et de stries longitudinales qui viennent se croiser avec elles et donnent naissance à une structure treillissée. Les côtes s'arrêtent à une carène que l'on remarque vers la région anale des valves et en delà de laquelle les stries longitudinales persistent seules. Côté buccal court, arrondi; côté anal un peu plus long, coupé obliquement en ligne courbe à son extrémité, son côté externe formant une carène obtuse. Crochets rapprochés : facette ligamentaire.

Valves fermées à tous les âges.

Cette élégante espèce ne pourraît se confondre qu'avec les jeunes individus de l'*Arca fibrosa* Orb., qui possèdent des stries rayonnantes peu marquées, qui disparaissent chez les adultes. Celle-ci est en outre oblongue, tandis que l'*A. Sablieri* est presque carrée.

Nous l'avons recueillie dans les couches aptiennes de Josa, de Obon, d'Arcaïne. M. Vilanova la cite à Cuevas (province de Castellon).

Explication des figures.

Pl. XIV, fig. 7. Coquille de grandeur naturelle. De notre collection.
— fig. 8. La même vue par les crochets.

156. Arca bicarinata, H. Coquand.

Pl. XXI, fig. 5 et 6.

Dimensions.

Longueur : 45 millimètres.
Hauteur : 36 —
Epaisseur : 37 —

Coquille épaisse, renflée, trapézoïdale, gibbeuse, offrant des rides d'accroissement très-accusées. Coté buccal court, tronqué vers la région palléale : coté anal arrondi, long. Les valves sont divisées en deux régions par une carène oblique, très-saillante, au-dessous de laquelle se manifeste une deuxième carène moins forte, et logée entre deux sillons. Crochets moyennement écartés; valves fermées.

Cette espèce, par sa double carène et sa forme renflée, se sépare facilement des autres *Arca* fossiles. Nous l'avons recueillie dans l'aptien supérieur à Arcaïne (Aragon).

Explication des figures.

Pl. XXI. fig. 5. Echantillon de grandeur naturelle. De notre collection.
— fig. 6. La même vue par les crochets.

157. Arca dilatata, H. Coquand.

Pl. XXII, fig. 1 et 2.

Synonymie.

Cucullea dilatata,	Orbigny, 1842, Coquilles de Colombie, p. 54, pl. 5, fig. 5-7.
Idem.	Orb., 1842, Paléont. de l'Am. mérid., pl. 20. fig. 5-7.
Arca Gabrielis,	Orb., 1850, Prodr., t. 2.

Dimensions.

Longueur : 118 millimètres.
Hauteur : 75 —
Epaisseur : 90 —

Coquille épaisse, renflée, obèse, trapézoïde, lisse ou n'offrant que des rides d'accroissement. Coté buccal court arrondi; côté anal long, légèrement tronqué à son extrémité, fortement caréné en dehors; carène obtuse. Crochets très-écartés: Facette ligamentaire allongée, profonde, marquée d'un grand nombre de sillons droits; valves fermées.

Les jeunes individus sont plus allongés; moins renflés relativement, mais ils conservent les caractères généraux de l'aptien et surtout la facette ligamentaire excavée profondément.

Cette espèce, voisine de l'*A. Gabrielis* adulte, s'en distingue par sa forme plus épaisse et par la forme plus allongée de son côté anal.

Nous l'avons recueillie dans les couches supérieures de l'aptien, à Obon, à Arcaïne, Aliaga, Cabra, Josa et Utrillas.

Explication des figures.

Pl. XXII, fig. 1. Coquille de grandeur naturelle. De notre collection.
— fig. 2. La même vue par les crochets.

158. Arca Cymodoce, H. Coquand.

Pl. XII, fig. 8 et 9.

Dimensions.

Longueur : 44 millimètres.
Hauteur : 20 millimètres.
Epaisseur : 16 millimètres.

Coquille allongée, ornée de côtes rayonnantes, régulières dans la région médiane des valves et devenant plus grosses, plus saillantes et plus espacées aux deux extrémités. Avec ces côtes viennent se croiser des rides d'accroissement. Côté buccal le plus court, anguleux. Côté anal long, coupé obliquement à son extrémité, marqué d'une carène externe. Cette carène porte trois grosses côtes saillantes qui accompagnent des côtes moins fortes. Crochets non saillants, contigus. Facette ligamentaire étroite; valves closes, égales.

Cette espèce est très-voisine de l'*A. Carinata* Sow., mais elles s'en distingue par l'égalité de ses valves, les crochets contigus et non saillants et par sa facette ligamentaire étroite.

Nous l'avons reccueillie dans l'aptien inférieur des environs de Morella (royaume de Valence).

Explication des figures.

Pl. XII, fig. 8. Coquille de grandeur naturelle. De notre collection.
— fig. 9. La même vue par les crochets.

GENRE NUCULA, Lamarck.

Ce genre n'est représenté que par une seule espèce.

159. Nucula impressa, J. Sowerby.

Pl. XXI, fig. 7, 8 et 9.

Synonymie.

Nucula impressa,	J. Sowerby, 1824, Min. conch., pl. 475, fig. 3
— *subrecurva,*	Phillips, 1829, Géol. of. Yorks; pl. 2, fig. 11.
— *planata,*	Desh., 1842, Mém. Soc. géol. de France, t. 5, p. 7, pl. 9, fig. 3 et 4.
— *obtusa,*	Orb.; (non. Sow.), 1843, Pal. fr., Ter. crét., t. 3, p. 163, pl. 300, fig. 1 à 5.
— *impressa,*	Orb., 1843, Pal. fr., Ter. crét., t. 3, p 165, pl. 300, fig. 6 à 10.
— *planata,*	Orb., 1850, Prodr., t. 2, p. 79.
— *impressa,*	Orb., 1850, Prodr., t. 2, p. 163.
— *Cornueliana,*	Orb., 1850, Prodr., t. 2, p. 79.
— *subobtusa,*	Orb., 1850, Prodr., t. 2, p. 118.
— *impressa,*	Pictet et Renev., 1858, Fossiles du terrain aptien, p. 108, pl. 15, fig. 5 et 6.

Nous avons recueilli cette espèce dans l'aptien supérieur à Oliete (Aragon).

Elle existe également en Suisse, à la Perte du Rhône et à Sainte-Croix, en Angleterre et dans l'Yonne.

Explication des figures.

Pl. XXI, fig. 7. Coquille de grandeur naturelle. De notre collection.
— fig. 8. La même vue par les crochets.
— fig. 9. Moule de grandeur naturelle.
— fig. 10. Le même vue par les crochets.

GENRE MYTILUS, Linné.

Ce genre est représenté par quatre espèces.

160. Mytilus Fittoni, Orbigny.

Synonymie.

Modiola reversa.	Fitton, 1836, Géol. trans., t. 4, pl. 17. fig. 13.

Mytilus reversus,	Orb., 1844, Pal. fr., Ter. crét., p. 264, pl. 337, fig. 1-2.
Mytilus Fittoni,	Orb., 1849, Pal. fr., Ter. crét., p. 760.
Idem.	Pictet et Renev., 1858, Fos. du ter. apt., p. 115, pl. 16, fig. 1.

Nous avons recueilli cette espèce dans l'aptien inférieur de Cabra.

Elle est citée en Suisse, à la Perte du Rhône.

161. Mytilus Cuvieri, Matheron.

Synonymie.

Modiola lineata,	Fitton, 1836, Géol., Trans., t. 4, pl. 14, fig. 2.
— *angusta,*	Roëm., 1839, Ool. Geb., suppl., p. 33, pl. 18, fig. 36.
Mytilus Cuvieri,	Matheron, 1842, Catalogue, p. 179, planche 28, fig. 1, 10.
— *lineatus,*	Orb., 1844, Pal. franç., Ter. crét., t. 3, p. 266, pl. 337, fig. 7-9.
— *Cuvieri,*	Orb., 1850, Prodr., t. 2, p. 246.
— *sublineatus,*	Orb., 1850, Prodr., t. 2, p. 81.
— *Orbignyanus,*	Pictet et Roux, 1852, Grès verts, p. 479, pl. 39, fig. 9.
— *sublineatus,*	Pictet et Renev., 1858, Foss. du ter. apt., t. 2, pl. 15, fig. 8, *a*, *b*, *c*, et fig 9.

Nous avons recueilli cette espèce dans l'aptien d'Utrillas (Aragon).

Elle existe dans la même position à Fondouille (Bouches-du-Rhône), ainsi qu'en Angleterre, en Suisse, à la Perte du Rhône et à la Presta.

Nota. M. Matheron a observé cette espèce dans les couches aptiennes de Fondouille (Bouches-du-Rhône), étage qu'en 1843 on rapportait à celui de la craie chloritée. A. d'Orbigny à son tour a fait remonter ces mêmes couches de Fondouille au niveau de son étage sénonien. Cette erreur s'explique par l'existence, dans cette localité, d'un lambeau de craie santonienne qui vient s'appliquer contre les bancs à *Ostrea aquila*. A. d'Orbigny n'a pas distingué entre les fossiles des deux étages.

162. Mytilus subsimplex, Orbigny.

Synonymie.

Modiola simplex,	Desh., 1842, Mém. Soc. géol. de Fr, t. 5, p. 8, pl. 7, fig. 8.
Mytilus simplex,	Orb., 1844, Pal. franç., Ter. crét., t. 3, p. 269, pl. 338, fig. 1-4.
— *subsimplex,*	Orb., 1850, Prodr., t. 2, p. 81.
— *gurgitis,*	Pictet et Roux, 1852, Grès verts, p. 481 et 547, pl. 40, fig. 2.
— *subsimplex,*	Pictet et Renev., 1858, Fossiles du ter. ap., p. 114, pl. 16, fig. 3.

Nous avons recueilli cette espèce à Chert, dans l'aptien supérieur.

Elle a été signalée en Suisse, à la Perte du Rhône.

163. Mytilus æqualis, Orbigny.

Synonymie.

Mytilus æqualis,	Orb., 1844, Pal. fr., Ter. crét., t. 3, p. 265, pl. 337, fig. 3 et 4.
Idem.	Pictet et Renev., 1857, Foss. du ter. apt., p. 116, pl. 16, fig. 2.
Modiola æqualis,	Sow., 1818, Min. conch., pl. 210, fig. 3-4.

Cette espèce a été recueillie par nous dans l'aptien inférieur à Utrillas (Aragon).

Elle a été signalée en Angleterre, en Suisse et à la Perte du Rhône); en France elle se trouve dans l'aptien de la Bedoule.

GENRE PINNA, Linné.

Ce genre n'est représenté que par une seule espèce.

164. Pinna Robinaldina, Orbigny.

Synonymie.

Pinna rugosa.	Roëm (non. Schl.), 1839, Ool. Geb. suppl., p. 32, pl. 18, fig. 37.

Pinna Robinaldina,	Orb., 1844, Pal. fr., Ter. crét., t. 3, p. 251, pl. 330, fig. 1-3.
Pinna subrugosa,	Orb., 1850, Prodr., t. 2, p. 80.
Pinna Robinaldina,	Pictet et Renev., 1858, Fos. du ter. apt., p. 117, pl. 16, fig. 5.
Idem.	Vilanova, 1859, Mem. geognostica, pl. 3, fig. 47.

Nous avons reccueilli cette espèce dans les couches aptiennes à Josa, Obon, Barranco Redondo (Hoz de la Vieja), Arcaïne (province de Teruel), ainsi qu'aux environs de Morella. M. Vilanova la cite à Benasal (royaume de Valence).

Elle existe également en France, en Angleterre. En Suisse, elle a été citée à la Perte du Rhône.

GENRE GERVILIA, Defrance.

Ce genre est représenté par trois espèces, dont une est nouvelle.

165. Gervilia aliformis, Orbigny.

Synonymie.

Modiola aliformis,	Sow., 1819, Min. conch., pl. 251.
Perna alæformis,	J. Sow., 1835, Min. conch., index syst.
Gervilia alæformis,	Orb., 1845, Pal. franç., Ter. crét., t. 3, p. 484, pl. 395.
Avicula Rhodani,	Pictet et Renev., 1853, Grès verts, p. 494, pl. 41 fig. 2.
Gervilia aliformis,	Pictet et Renev., 1858, Fossiles du terrain aptien, p. 120, pl. 18, fig. 1 et 2.

Nous avons recueilli cette espèce dans l'aptien supérieur, à Obon, Josa, Arcaïne et Aliaga (Aragon).

Elle est citée en Suisse, à la Perte du Rhône, à Sainte-Croix et à la Presta.

166. Gervilia anceps, Deshayes.

Synonymie.

Gervilia aviculoïdes.	J. Sow., Min. conch., 1826, pl. 511.
Gervilia anceps,	Desh., 1842, Mém. Soc. géol. de France, t. 5, p. 9, pl. 10, fig. 3.
Avicula lanceolata,	Forbes, 1845, Quart Jour. géol. Soc., t. 1, p. 247, pl. 3, fig. 8.
Gervilia anceps,	Orb., 1845, Pal. fr., Ter. crét, t. 3, p. 482, pl. 394.
Avicula sublanceolata,	Orb., 1850, Prodr., t. 2, p. 119.
Gervilia alpina,	Pictet et Roux, 1853, Grès verts, p. 496, pl. 41, fig. 3.
Gervilia anceps.	Pictet et Renev., 1858, Foss. du Ter. aptien, p. 121, pl. XVII.

Cette espèce a été recueillie dans l'étage aptien des environs de Morella, par M. l'abbé Gasulla.

Elle existe en Suisse, à la Perte du Rhône et à Sainte-Croix.

167. Gervilia magnifica, H. Coquand.

Pl. XVI, fig. 3 et 4 à Pl. XVII, fig. 1.

Dimensions.

Longueur : 130 millimètres.
Largeur : 95 —
Epaisseur : 25 —

Coquille déprimée, large, subtriangulaire, à contour polygonal. La grande valve est partagée en trois surfaces inégales par deux carènes qui partent du sommet. L'une de ces carènes est élevée, très-large et obtuse et constitue une éminence gibbeuse au-dessous de laquelle la valve est presque verticale, ou du moins fortement redressée jusqu'au côté buccal; la deuxième, beaucoup moins prononcée, est également obtuse et donne naissance à deux vallées plates, celle qui est contiguë à la première carène étant plus large et plus creusée que l'autre. Région buccale peu développée tombant presque perpendiculairement, légèrement déprimée dans sa partie centrale. Région anale tronquée, prolongée en une expansion aliforme, large vers le côté cardinal, séparée du reste de la coquille par la vallée extérieure déjà décrite; petite valve plate, légèrement enfoncée et présentant deux sillons plats et larges correspondant aux deux carènes de la valve supérieure. Crochets non écartés; surface ligamentaire étroite, munie de cinq fossettes larges. Dents de la charnière très-obliques et fines. L'arète anale est ornée de côtes déliées et rayonnantes et le reste de la coquille de stries fines, rapprochées, concentriques.

Cette gigantesque et remarquable espèce a été recueillie par nous dans l'aptien supérieur à Obon, Arcaïne, Josa et Aliaga. Nous en possédons une série des plus intéressantes dans laquelle se montrent constants les caractères ci-dessus indiqués.

Explication des figures.

Pl. XVI, fig. 3. Coquille de grandeur naturelle, vue par la valve élevée.
Pl. XVIII, fig. 1. La même vue par la petite valve.
Pl. XVI, fig. 4. Section par la région médiane de la coquille pour montrer son épaisseur.

GENRE PERNA, Bruguière.

Ce genre est représenté par deux espèces, toutes deux nouvelles.

168. Perna pachyderma, H. Coquand.

Pl. XVII, fig. 4 et 5 et pl. XX, fig. 3 et 4.

Dimensions.

Longueur : 60 millimètres.
Hauteur : 65 —
Epaisseur : 50 —

Coquille très-épaisse, subtriangulaire, obliquement transverse, lisse, portant de distance en distance quelques gros plis concentriques. Extrémité anale très-allongée, obtusement tronquée, pourvue, du côté cardinal, d'une large expansion non distincte. Côté buccal court, muni d'une expansion courte, aiguë, séparé du reste par un petit sillon et coupé presque perpendiculairement. Crochets peu saillants, s'alignant avec les expansions latérales, très-écartés par suite de la grande largeur de la facette du ligament. Facette du ligament munie de quatre ou cinq fossettes inégales, très-profondes.

Cette espèce, par sa forme générale, rappelle la *Gervilia Renauxiana*, Matheron; mais outre qu'elle ne possède pas à la charnière les dents spéciales à ce genre, elle s'en distingue par sa forme beaucoup plus large, par la grande extension que prend l'expansion anale, ainsi que par la perpendicularité de son bord buccal.

Nous avons recueilli cette espèce dans les couches supérieures de l'étage aptien, à Obon et à Arcaïne (Aragon).

Explication des figures.

Pl. XX, fig. 3. Coquille de grandeur naturelle. De notre collection.
— fig. 4. La même vue par les crochets.
Pl. XVII, fig. 1. Jeune individu.
— fig. 2. Intérieur de la valve du même.

169. Perna Morellensis, H. Coquand.

Pl. XVII, fig. 2 et 3.

Hauteur : 54 millimètres.
Largeur : 27 —
Epaisseur : 21 —

Coquille épaisse, allongée, presque droite, lisse, inéquivalve, la valve supérieure un peu plus bombée. Extrémité anale large, arrondie du côté palléal, en aile assez allongée, dirigée obliquement. Extrémité buccale acuminée, droite, séparée du reste par un canal profond.

Crochets aigus, écartés, à cause de la largeur de la facette ligamentaire.

Cette espèce rappelle la *Gervilia Renauxiana*, Math.; mais elle s'en distingue par sa forme plus droite et des différences dans la proportion des expansions et surtout par ses valves inéquivalves.

Nous l'avons recueillie dans l'aptien inférieur entre Morella et Chert.

Explication des figures.

Pl. XVII. fig. 2. Coquille de grandeur naturelle. De notre collection.
— fig. 3. La même vue par les crochets.

GENRE LIMA, Bruguière.

Ce genre est représenté par sept espèces, dont deux sont nouvelles.

170. LIMA PARALLELA, Morris.

Synonymie.

Modiola parallela,	Sow., 1812. Min. conch., pl. 9, fig 1.
Lima elegans,	Leym., 1842, Mém. Soc. géol. de France, v. p. 27. pl. 6, fig. 6.
Lima Cottaldina,	Orb., 1845, Pal. franç., Ter. crét.. t 3, p. 537. pl. 416, fig. 1 à 5.
Lima elegans,	Leym., 1846, Statistique de l'Aube, Atas. pl. 6. fig. 7.
Lima parallela.	Morris, 1854, Catal. of. Brit., Fossil., 2e édit., p. 171.
Idem.	Pictet et Renev., 1858, Fossiles du terrain aptien, p. 126, pl. 19, fig. 1, *a*, *b*, *c*, *d*.
Lima Cottaldina,	Vilanova, 1859, Memoria geognostica, pl. 11, fig. 15.

Nous avons recueilli cette espèce dans les couches aptiennes d'Obon, de Montalban, de Josa et d'Oliete (Aragon).

Nous l'avons également recueillie à Bell et à Morella. M. Vilanova la cite à Alcala de Chisvert.

Elle a été signalée en Suisse, à la Perte du Rhône ainsi qu'en France et en Angleterre.

171. Lima longa, Roëmer.

Synonymie.

Lima longa, Roëmer, 1836, Oolith, pl. 13, fig. 11.
Lima plana, Roëmer, 1836, Ooolith., pl. 3, fig. 18.
Lima longa, Orbigny, 1845, Pal. franç., Ter. crét., t. 3. p. 529, pl. 414, fig. 13-16.

Nous avons recueilli cette espèce dans l'aptien inférieur de Morella (royaume de Valence).

Nous la rapportons avec quelques doutes à la *Lima longa*. Toutefois, nos exemplaires présentent de si grandes ressemblances avec les figures de la Paléontologie Française, que nous n'avons osé en faire une espèce nouvelle.

172. Lima Orbignyana, Matheron.

Synonymie.

Lima Orbignyana. Matheron, 1842, Catal., p. 182, n° 219, pl. 29, fig. 3-4.
Idem. Orbigny, 1843, Pal. fr.. Ter. crét., t. 3, p. 530, pl. 415, fig. 14.

Nous avons recueilli cette espèce dans l'aptien inférieur de Morella (Royaume de Valence).

Elle est signalée en France dans les calcaires à *Chama ammonia*.

173. Lima expansa, Forbes.

Synonymie.

Lima expansa. Forbes, 1844, Quart. Journ., n° 2, p. 249, n° 83.
Idem. Orbigny, 1843, Pal. franç., Ter. crét., t. 3, p. 533, pl. 415, fig. 9-12.
Idem. Vilanova, 1859, Memoria geognostica, pl. 3. fig. 20.

Cette espèce a été recueillie à Cuevas (royaume de Valence) par M. Villanova.

174. Lima hispanica, H. Coquand.

Pl. XVI, fig. 5 et 6.

Dimensions.

Largeur : 45 millimètres.
Longueur : 55 —
Epaisseur : 20 —

Coquille ovale, oblongue, comprimée, transverse, lisse dans toute la surface des valves, excepté sur le côté buccal où l'on observe quelques côtes simples, rayonnantes, très-rapprochées et légèrement sinueuses. Côté buccal tronqué, légèrement excavé; côté anal arrondi en demi-cercle : crochets saillants, écartés, séparés par une fossate triangulaire.

Cette espèce rappelle, par sa forme, la *Lima simplex* Orb.; mais elle est plus allongée et ne porte des côtes que sur la région anale, tandis que celle-ci en porte sur les deux régions.

Nous avons recueilli cette espèce dans les assises inférieures de l'étage aptien de Quatro-Dineros, associée à la *Chama Lonsdalii.*

Explication des figures.

Pl. XVI, fig. 5. Coquille de grandeur naturelle. De notre collection.
— fig. 6. La même vue par la région buccale.

175. Lima Eucharis, H. Coquand.

Pl. XII, fig. 10 et 11.

Dimensions.

Largeur : 35 millimètres.
Longueur : 18 —
Epaisseur : 11 —

Coquille ovale allongée, tranverse, très-comprimée, ornée d'un grand nombre de côtes fines, très-rapprochées, aiguës et faiblement sinueuses qui vont en s'atténuant à mesure qu'elles se rapprochent de la région buccale, où elles se montrent plus espacées. Région buccale tronquée, plane, striée en long et carénée en dehors ; région anale arrondie, déclive vers la région cardinale.

Cette espèce, qui rappelle la *Lima abrupta*, Orb., s'en distingue par sa forme plus allongée et par le double système de stries dont les valves sont ornées.

Nous avons recueilli cette élégante espèce dans l'aptien inférieur d'Alcala de Chisvert (royaume de Valence).

Explication des figures.

Pl XII, fig. 10. Coquille de grandeur naturelle. De notre collection.
— fig. 11. La même vue de profil.

176. Lima Dupiniana, Orbigny.

Synonymie.

Lima Dupiniana,	Orbigny, 1845, Pal. fr., Ter. crét., t. 3, p. 535, pl. 415, fig. 18-22.

Nous avons recueilli cette espèce dans les couches aptiennes de Lahoz de la Vieja, au quartier del Barranco redondo.

On la signale en France dans le département de l'Yonne.

GENRE JANIRA, Schumacher.

Ce genre n'est représenté que par une espèce.

177. Janira Morrisi, Pictet et Renevier.

Synonymie.

Pecten quinquecostatus,	Var. *a* Roëm., 1841, Kreideg., p. 54 (non Sow., 1814).
Pecten versicostatus,	Leym., 1846, Statistique de l'Aube, Atlas, pl. 6, fig. 9.
Janira quinquecostata.	Pictet et Roux, 1853, Grès verts, p. 506, pl. 45, fig. 3, *a*, *b*.
Janira Morrisi.	Pictet et Renevier, 1858, Fossiles du ter. apt., p. 128, pl. 19, fig. 2, *a*, *b*, *c*, *d*.

Janira atava,	Vilanova, 1859, Mem. geognostica, pl. 3, fig. 21.
— *Truellei*.	Vilanova, 1859, *Loco cit.*. pl. 3. fig. 22.
— *quinquecostata*.	Vilanova, 1859, *Loc. cit.*, pl. 3, fig. 23.
— *neocomiensis*:	Vilanova, 1859, *Loc. cit.*, pl. 2, fig. 18.

Cette espèce est abondante en Espagne dans l'étage aptien. Nous l'avons recueillie à Barabassa, à Alliosa, Obon, Josa, Arcaïne, Oliete, Cabra, Utrillas, Aliaga (Aragon) et Morella (royaume de Valence). M. Vilanova l'a rencontrée à Benasal, à Cuevas (Province de Castellon).

On la cite en Suisse, à la Perte du Rhône et à Sainte-Croix.

Nota. — M. Vilanova a donné les noms de *Janire atava*, *J. Truellei* et *quinquecostata* à des variétés de la *J. Morrisi*. Cette confusion le conduit à reconnaître à Benasal, et pour ainsi dire dans la même couche, les représentants des étages néocomien et sénonien, de la même manière qu'il reconnait à Cuevas la craie chloritée. Ces localités intéressantes que nous avons étudiées ne nous ont présenté que l'étage aptien.

GENRE PECTEN, Gualtieri.

Ce genre est représenté par quatre espèces, dont trois nouvelles.

178. Pecten Daubrei, H. Coquand.

Pl. XIII, fig. 5 et 6.

Dimensions.

Largeur : 75 millimètres.
Longueur : 90 —
Epaisseur : 30 —

Coquille ovale, très-déprimée, équivalve, ornée d'environ 20 à 22 côtes rayonnantes, larges, squameuses et muriquées en avant et en arrière par des saillies imbriquées. Entre chaque côte est un intervalle à peu près de même largeur, occupé par deux ou trois côtes très-fines, granuleuses.

Cette magnifique espèce qui offre de très-grandes affinités de formes avec le *P. obliquus* Sow., s'en distingue par l'épaisseur de ses grandes côtes et par la constance de ses côtes intermédiaires.

Nous l'avons recueillie à Morella, dans les assises moyennes de l'étage aptien.

Explication des figures.

Pl. XIII, fig. 5. Coquille de grandeur naturelle. De notre collection.
— fig. 6. Profil de la même.

179. Pecten Morellensis, H. Coquand.

Pl. XII, fig. 12 et 13.

Dimensions.

Largeur : 25 millimètres.
Longueur : 65 —

Coquille ovale, déprimée, ornée d'environ 16 à 18 côtes inégales ainsi distribuées : au milieu, des côtes obtuses, simples, égales aux sillons qui les séparent ; au côté buccal, les côtes sont plus rapprochées et imbriquées finement; à la région anale, les côtes se montrent dédoublées par un petit sillon intermédiaire et elles sont suivies sur les bords par des stries granulées, parallèles aux côtes. Toutes ces côtes sont marquées en travers de petites rugosités lamelleuses très-rapprochées.

Cette espèce ne peut être comparée qu'au *Pecten Royanus*, Orb., elle s'en distingue nettement par son ornementation différente.

Nous l'avons recueillie dans l'étage aptien des environs dé Morella.

Explication des figures.

Pl. XII. fig. 12. Coquille de grandeur naturelle. De ma collection.
— fig. 13. La même vue de profil.

180. Pecten Achates, H. Coquand.

Pl. XVII, fig. 6 et 7.

Dimensions

Largeur : 40 millimètres.
Longueur : 54 —

Coquille ovale, allongée, déprimée, ornée de 20 à 22 côtes égales, rayonnantes, obtuses, imbriquées, surtout vers les régions anale et buccale. Dans l'intervalle de chacune de ses côtes, il en naît une très-mince, également imbriquée et occupant le milieu du sillon.

Cette espèce a été recueillie par nous, dans les couches aptiennes inférieures, à Quatre-Dineros et aux Parras de Martin (Aragon).

Explication des figures.

Pl XVII, fig. 6. Coquille de grandeur naturelle. De notre collection.
— fig. 7. La même vue de profil.

181. Pecten Dutemplei, Orbigny.

Synonymie.

Pecten interstriatus.	Leymerie, 1842, Mém. Soc. géol. de France, t. 5, p. 10, pl. 12, fig. 1.
— *obliquus*,	Forbes, 1845, Quart. Journ. Soc., t. 1, p. 240.
— *Dutemplei*,	Orb., 1845, Pal. franç., Ter. crét., t. 3, p. 596, pl. 433, fig. 10-13.
— *aptiensis*,	Pictet et Roux, 1853 (non Orb.), Grès verts, p. 511, pl. 46, fig. 3.
— *Dutemplei*,	Pictet et Renev., 1857, Fossiles du ter. aptien, p. 131, pl. 19, fig. 3, *a*, *b*, *c*, *d*, *e*.

Cette espèce a été recueillie par nous dans les couches aptiennes à Orbitolites d'Aliaga (Aragon).

Elle a été signalée en Suisse, à la Perte du Rhône, en France et en Angleterre.

GENRE HINNITES, Defrance.

Ce genre n'est représenté que par une espèce unique.

182. Hinnites Favrinus, Pictet et Roux.

Synonymie.

Hinnites Leymeriei.	Forbes, 1845 (non Desh.), Quart. Journ. géol, Soc., t. 1, p. 250.
— *Favrinus,*	Pictet et Roux, 1853, Grès verts, p. 503, pl 43. fig. 2, et pl. 44.
Idem.	Renev., 1854, Perte du Rhône, p. 31.

Nous avons observé cette espèce dans l'aptien supérieur de Cabra (Aragon).

Elle est citée dans la même position en Suisse, à la Perte du Rhône, et à la Clape (Aude).

GENRE RADIOLITES, Lamarck.

Ce genre n'est représenté que par une seule espèce.

183. Radiolites Marticensis, Orbigny.

Synonymie.

Radiolites Marticensis,	Orb., 1847, Pal. fr., Ter. crét., t. 4, p. 199, pl. 543, fig. 4-5.

Nous avons recueilli cette espèce dans les assises inférieures de l'étage aptien, aux bains et aux mines de Segura, à Palomar, aux Parras de Martin et à Aliaga (Aragon). Nous l'avons également observée dans la même position à Uldecona, Godall et Tortosa (Province de Taragona).

En France la *R. Marticensis* est associée aux *Chama ammonia* et *C. Lonsdalii*.

GENRE CHAMA, Bruguière.

Ce genre n'est représenté que par une espèce.

184. CHAMA LONSDALII, H. Coquand.

Synonymie,

Diceras Lonsdalii.	Sow., 1836, in Fitton, Trans. geol. Soc., t. 4. p. 268, pl. 13, fig. 4.
Caprotina Lonsdalii	Orb., 1842, Ann. des Sc. nat., p. 180.
Idem.	Orb., 1842, Prodr., p. 109
Requienia carinato,	Matheron, 1842, Catalogue, p. 104, pl. 2, fig. 1-2.
Requienia Lonsdalii.	Orb., 1850, Pal. fr., ter. crét., t. 4, p. 248. pl. 576 et 577 (sous le nom de *Caprotina*).
Idem.	de Verneuil, 1854, Bull. de la Soc. géol. de France, t. 10, pl. 3, fig. 12.

Cette espèce est abondamment répandue dans l'étage aptien inférieur, associée à l'*Heteraster oblongus* et aux Orbitolites. Nous l'avons recueillie au Cabezo de los Pelegrinos près d'Utrillas, aux Paras de Martin, à Palomar, à Escucha, à Aliaga (Aragon), à Alcala de Chisvert, Chert, Morella, Castell de Cabres, Bell (Royaume de Valence), à Godall, à Uldecona et à Tortosa (Province de Taragona).

La *Chama Lonsdalii* se trouve associée à la *Chama ammonia* dans le Midi de la France et dans la Savoie; mais ce qu'elle offre de plus remarquable dans sa distribution, c'est qu'en Angleterre, dans le Northwiltshin, elle git, comme en Espagne, dans l'étage aptien. On n'a jamais reconnu dans les îles Britanniques l'étage urgonien proprement dit, tel qu'il existe du moins dans la France méridionale.

GENRE CAPRINA, Orbigny père.

Ce genre n'est représenté que par une seule espèce, qui est nouvelle.

184. CAPRINA BAYLEI, H. Coquand.

Pl. XXV, fig. 7, 8, 9 et 10.

Dimensions.

Hauteur : 57 millimètres.
Largeur prise au dernier tour : 52 millimètres.

Coquille subtriangulaire, épaisse, courte, épatée, lisse; valve inférieure conique, adhérente, lisse, convexe dans sa partie postérieure, portant dans sa partie supérieure deux sillons longitudinaux qui partent du sommet et viennent rencontrer la valve supérieure, en circonscrivent un espace triangulaire plus saillant, et dans lequel se montrent des lames relevées en avant.

Valve supérieure étalée, lisse, avec deux dépressions latérales; sommet saillant, occupant le milieu de la valve.

Le birostre est composé de deux cônes accolés obliquement par leur base; celui correspondant à la valve inférieure étant plus élévé que l'autre.

Cette espèce se distingue de la *Caprina Verneuilli* par sa taille plus courte, sa forme plus épatée, par le rapprochement de ses deux sillons longitudineux et surtout par sa valve inférieure qui porte deux dépressions et dont le sommet est central.

La *Caprina Baylei* est très-abondante dans l'aptien inférieur où elle forme des bancs entiers.

Nous l'avons recueillie à Escucha, à Palomar, à Las Parras de Martin, à Aliaga, à Castellote (Aragon), ainsi qu'à Morella (Royaume de Valence), et à Uldecona (Province de Taragona).

Nous rapportons à cette espèce deux exemplaires de Caprina que nous avons recueillis dans l'aptien inférieur de la Province de Constantine.

Explication des figures.

Pl. XXV, fig. 7. Coquille de grandeur naturelle vue en face. De notre collection.
— fig. 8. La même, vue par la valve inférieure.
— fig. 9. La même vue de profil.
— fig. 10. Birostre.

185. Caprina Verneuilli, Bayle.

Bulletin de la Société géologique de France, *passim.*

Pl. XXV, fig. 5 et 6.

Dimensions.

Hauteur : 103 millimètres.
Epaisseur prise à la valve inférieure : 64 millimètres.

Coquille triangulaire, conique, allongée, épaisse, lisse, transverse; valve inférieure adhérente, en forme de cornet, conique, lisse dans la région postérieure, divisée par deux sillons longitudinaux assez larges, entre lesquels se trouve un espace triangulaire un peu plus élevé et occupé par des lames rugueuses relevées en avant.

Valve supérieure lisse, plane, marquée de stries très-fines d'accroissement; sommet se projetant obliquement vers la partie extérieure de la coquille.

Cette curieuse espèce est spéciale à l'Espagne et se trouve dans l'étage carentonien de Santander, associée à la *Sphærulites agariciformis* et à la *Caprina adversa*. Elle y joue le rôle de la *Caprina polyconilites* dans le carentonien de la Charente.

Nous l'avons retrouvée dans l'étage carentonien de la montagne de San-Justo y Pastor, à Campos et Palomar (Aragon) associée à la *Caprina adversa*.

Nous figurons ici cette *Caprina* pour indiquer les rapports de forme qu'elle présente avec la *Caprina Baylei* que nous décrivons ci-dessus et qui appartient à l'étage aptien.

Explication des figures.

Pl. XXV, fig. 5. Coquille de grandeur naturelle. De notre collection.
— fig. 8. La même vue de profil.

GENRE PLICATULA, Lamarck.

Ce genre est représenté par trois espèces, dont une nouvelle.

186. Plicatula placunea, Lamarck.

Synonymie.

Plicatula placunea, Lamarck, 1819, Anim. sans vert., t. 6, p 186, n° 8.

Spondylus strigilis, Brongn., 1822, in Cuvier, Ossements fossiles, pl. 9, fig. 6.

Plicatula placunea,	Leymerie, 1842, Mém. Soc. géol. de France, t. 5, p. 16 et 27, pl. 13, fig. 2.
Idem.	Leymerie, 1846, Statistique de l'Aube, Atlas, pl. 5, fig. 16.
Idem.	Orb., 1846, Pal. franç., Ter. crét., t. 3, p. 682, pl. 462, fig. 11 à 18.
Plicatula asperrima,	Orb., 1846, Pal. franç., Ter. crét., t. 3, p. 679, pl. 462, fig. 1-4.
Plicatula placunea,	Pictet et Roux, 1853, Grès verts, p. 518, pl. 47, fig. 5.
Idem.	Pictet et Renev., 1858, Fossiles du terrain aptien, p. 136.
Idem.	Vilanova, 1859, Memoria geognostica, pl. 11, fig. 16.
Plicatula asperrima,	Vilanova, 1859, Memoria geognostica, pl. 11, fig. 17.

Nous avons recueilli cette espèce dans les assises supérieures de l'aptien à Josa et à Utrillas (Aragon). M. Vilanova la cite à Cinctorres. Nous l'avons également retrouvée aux environs de Morella (province de Castellon).

La *Plicatula placunea* est fort abondante à Vassy, à Gargas (France). En Suisse elle se trouve à la Perte du Rhône, à la Presta (Val de Trevers) et à Sainte-Croix.

187. Plicatula inflata, J. Sowerby.

Synonymie.

Plicatula spinosa.	Mantell, 1822 (non Sow., 1819), Geol. of Sussex, p. 129, pl. 26, fig. 13, 16, 17.
— *inflata*,	J. Sowerby, 1823, Min. conch., pl. 409.
Idem.	Goldf., 1834, Petr. Germ., t. 2, p. 102, pl. 107, fig. 6.
Plicatula radiola,	Orb., 1846, Pal. fr., Ter. crét., t. 3, p. 683, pl. 463. fig. 1 à 5 (non fig. 6 et 7).
— *spinosa*,	Orb., 1846, (non Sow.), Pal. fr., Ter. crét., p. 685, pl. 463, fig. 8 à 10.
— *radiola*,	Pictet et Roux, 1853, Grès verts, p. 516, pl. 43, fig. 3.
— *inflata*,	Pictet et Renev., 1858, Fossiles du terrain aptien, p. 137.

Nous avons suivi pour la synonymie de cette espèce les indications fournies par MM. Pictet et Renevier.

Nous l'avons observée dans l'aptien supérieur de Chert (royaume de Valence).

Elle existe dans la même position en Suisse, à la Perte du Rhône.

188. Plicatula Arachne, H. Coquand.

Pl. XIX, fig. 5 et 6.

Coquille comprimée, légèrement transverse, inéquivalve. Valves ornées de grosses côtes rayonnantes noduleuses, séparées par des sillons de même largeur, flexueuses et flabelliformes.

Nous avons recueilli cette espèce à Josa (Aragon) dans l'aptien supérieur.

Explication des figures.

Pl. XIX, fig. 5. Coquille de grandeur naturelle. De notre collection.
— fig. 6. La même vue de profil.

GENRE OSTREA, Linné.

Ce genre est représenté par onze espèces, dont huit nouvelles.

189. Ostrea aquila, Orbigny.

Synonymie.

Gryphæa sinuata, Sow., mars 1822 (non Olit. *sinuata* Lam. 1819). Min. conch., pl. 336.

Gryphæa aquila, Brong., juin 1822, in Cuv., Oss. fossiles. pl. 9, fig. 11.

Exogyra aquila, Goldf., 1834, Petr. Germ., t. 2, p. 36, pl. 87, fig. 3.

Exogyra sinuata, Leym., 1842, Mém. Soc. géol. de France, t. 5, p. 16 et 28, pl. 12, fig. 1 et 2.

Ostrea Couloni, Orbigny, 1842, Fossiles de Colombie, voyage dans l'Am. mérid., p. 93.

Exogyra squamata, Orb., 1842, Fossiles de Colombie, voyage dans l'Am. mérid., p. 92 pl. 19, fig. 12 à 15. (C'est un jeune individu de l'*O. aquila*).

Gryphæa sinuata.	Forbes, 1845. Quart. Journ. géol. soc., t. 1, p. 250.
Exogyra sinuata.	Leymerie, 1846, Statistique de l'Aube, Atlas., pl. 6, fig. 1.
Ostrea aquila,	Orb., 1846, Pal. fr., Ter. crét., t. 3, p. 706, pl. 470.
Gryphæa sinuata,	Mentell, 1847, Geological Excursions round the isle of Wight, pl. 4, fig. 1.
Ostrea aquila,	Pictet et Roux, 1853, Grès verts, p. 520, pl. 48.
Ostrea Couloni,	Pictet et Renev. (pars), 1858, Fossiles du ter. aptien, p. 138.

MM. Pictet et Renevier réunissent en une seule espèce les *Ostrea aquila* et *Ostrea Couloni*, en se fondant sur des identités de formes qui, à leur sentiment, motivent cette réunion. Nous sommes loin de nier que dans le genre *Ostrea*, il soit toujours bien facile de choisir des caractères constants et applicables à tous les individus d'une même espèce : mais il nous semble aussi que pour les coquilles dont l'accroissement n'est point assujéti à des lois fixes, il convient de prendre en considération plutôt l'ensemble des caractères qu'un ou deux caractères isolés. C'est ainsi qu'il devient réellement impossible, quand on a en sa possession des séries nombreuses, de distinguer certaines variétés de l'*Ostrea Boussingaultii* de certaines variétés de l'*Ostrea flabellata*; il en est de même pour les *Ostrea subcrenata* et *Marschii* du terrain jurassique et peut-être pour la presque totalité des autres espèces d'huitres. On serait tenté dans ce cas d'en supprimer la bonne moitié et d'accoupler des individus qui auraient été mis en contact dans le cabinet seulement. Cette méthode, si elle prévalait, donnerait à chaque individu dans le grand genre *Ostrea* le droit de représenter seul son espèce ou d'émigrer arbitrairement dans une autre espèce parce qu'il pourrait ressembler exceptionnellement à un individu appartenant à la famille de celui-ci. Ces motifs nous paraissent suffisants pour faire considérer les *Ostrea aquila* et *O. Couloni* comme deux types distincts, malgré quelques ressemblances communes à l'un et à l'autre.

Nous avons recueilli l'*Ostrea aquila* dans les assises supérieures de l'aptien à Bell, où elle très-abondante. Elle pénètre jusque dans l'aptien inférieur à *Chama Lonsdalii*; nous l'avons observée dans cette portion dans lès environs d'Alcala de Chisvert.

Elle est commune en France ainsi qu'en Suisse, à la Perte du Rhône et à la Presta.

190. OSTREA BOUSSINGAULTII, Orbigny.

Synonymie.

Exogyra subplicata,	Roëm., 1839 (non Desh. 1824), Ool. geb. suppl., p. 25, pl. 18, fig 17.
Exogyra spiralis,	Var. Roëm., 1839 (non Goldf. 1834). Ool. geb. suppl., p. 25, pl. 18, fig. 18.
Exogyra subplicata,	Leym., 1842 (non Desh.), Mém. Soc. géol. de France, t. 5, p. 18, pl. 11, fig. 4, 5 et 6.
Exogyra Boussingaultii,	Orb., 1842, Foss. de Colombie, p. 57. pl. 3, fig. 10 et pl. 5, fig. 8 et 9.
Gryphæa harpa,	Forbes, 1845 (non Goldf.), Quart. Journ. géol. Soc., t. 1, p. 250, pl. 3, fig. 12.
Exogyra subplicata,	Leym., 1846, Statistique de l'Aube, Atlas, pl. 6, fig. 8.
Ostrea harpa,	Pictet et Roux, 1853 (non Goldf), Grès verts, p. 526, pl. 49, fig. 2.
Ostrea Boussingaultii.	Orb., 1846, Pal. fr., Ter. crét., t. 3, p. 702, pl. 468.
Idem.	Pictet et Renev., 1858, Fossiles du ter. aptien, p. 140, pl. 19, fig. 5, *a*, *b*, *c*, *d*, *e*.

Cette espèce est très-abondante dans toute l'étendue de l'étage aptien de la péninsule espagnole et en même temps très-variable dans sa forme.

Nous l'avons recueillie partout, à Obon, Arcaïne, Josa, Cortès, Lahoz de la Vieja, Utrillas, Cabra, Molinos, Santolea, Castellotte, Aliaga (Aragon), et dans l'ancien royaume de Valence, à Alcala de Chisvert, à Chert, Rosella, Bell, Castell de Cabres, Herbeset, Morella. Enfin nous l'avons retrouvée en Catalogne, à Uldecona et à Godall.

Elle n'est rare ni en France, ni en Suisse. On la cite à la Perte du Rhône, à Sainte-Croix et à la Presta.

191. Ostrea Leymerii, Deshayes.

Synonymie.

Ostrea Leymerii,	Deshayes, 1842, Mém. Soc. géol. de France, t. 5, p. 11, pl. 13, fig. 4
Idem.	Forbes, 1844, Quart. Jour., p. 250, n° 93.
Idem.	Orbigny, 1845, Pal fr., Ter. crét., p. 704, pl. 469.
Idem.	Leymerie, 1846, Soc. géol. de l'Aube. pl. 7, fig. 2.
Idem.	Coquand, 1862, Descr. géol. et paléont. de la région sud de la Prov. de Constantine, p. 282.

Il est assez difficile de rapporter à des planches qui ne donnent pas toutes les variétés de l'espèce, surtout dans le genre *Ostrea*, les exemplaires que l'on a l'occasion de rencontrer en dehors des localités en faveur desquelles l'espèce a été établie ; c'est ainsi que nous possédons, dans les huitres que nous avons rapportées d'Espagne, des individus dont les uns se rapportent aux figures données par d'Orbigny, et les autres aux figures données par M. Leymerie.

Quoi qu'il en soit, nous avons recueilli l'*Ostrea Leymerii* dans les couches qui appartiennent à la fois à la partie supérieure de l'étage aptien et à la partie inférieure avec *Chama Lonsdalii*, à Utrillas, à Cabra, à Escucha, à Gargallo, à Arcaïne et à Oliete (Aragon).

Nous la possédons également de la province de Constantine Algérie).

192. Ostrea præcursor, H. Coquand.

Pl. XXVI, fig. 5 et 6.

Coquille subtriangulaire, arrondie vers la région palléale, subéquivalve, lisse, aiguë.

Valve inférieure convexe, ornée de nombreux plis d'accroissement.

Valve supérieure un peu moins convexe que l'autre, mais n'en différant que par ce caractère unique. Crochets aigus et contigus. Cette espèce dont la forme est celle de certaines Ostrea des terrains tertiaires, a été découverte par nous dans les assises supérieures de l'étage aptien à Cabra et à Santolea (Aragon).

Explication des figures.

Pl. XXVI, fig. 5. Coquille de grandeur naturelle. De notre collection.
— fig. 6. La même vue de profil.

193. Ostrea Silenus, H. Coquand.

Pl. XXVIII, fig. 6, 7 et 8.

Coquille linguiforme, peu épaisse, inéquivalve, adhérente. Valve inférieure légèrement convexe, ornée de côtes rayonnantes nombreuses se croisant avec des stries d'accroissement, adhérente dans sa presque totalité; sommet aigu. Valve supérieure presque plane, lisse. Sommet moins élevé que celui de la valve opposée; bords tranchants.

Nous avons découvert cette espèce dans les assises les plus inférieures de l'étage aptien, entre Morella et Chert (Province de Castellon de la Plana).

Explication des figures.

Pl. XXVIII, fig. 6. Coquille de grandeur naturelle vue par la valve inférieure. De notre collection.
— fig. 7. La même vue par la valve supérieure.
— fig. 8. La même vue de profil.

194. Ostrea Pasiphae, H. Coquand.

Pl. XXV, fig. 9, 11 et 12.

Coquille large, peu épaisse, subtriangulaire, lisse, équivalve. Valves égales, lisses, minces, marquées de lignes d'accroissement et présentant vers le milieu une large dépression qui les gauchit fortement, en dénivellant le plan de leur surface, de manière que le pourtour de la région palléale décrit une espèce de ∽ allongée.

Ce caractère suffit pour la distinguer nettement et au premier coup d'œil de toutes les autres huitres de la craie.

Nous l'avons recueillie dans les assises supérieures de l'étage aptien à Cabra et à Utrillas (Province de Teruel).

Explication des figures.

Pl. XXV, fig, 11. Coquille de grandeur naturelle. De notre collection.
— fig. 12. La même vue de profil.

195. Ostrea callimorphe, H. Coquand.

Pl. XXVIII, fig. 4 et 5.

Coquille exogyriforme, inéquivalve.

Valve inférieure bombée, ornée de grosses côtes rayonnantes, peu flexueuses, épaisses, qui semblent s'arrêter au milieu de de la coquille et ne pas envahir la région anale où l'on observe surtout de gros plis concentriques d'accroissement.

Valve supérieure enfoncée, offrant à peu près les mêmes ornements que la valve inférieure, mais moins saillante et présentant en creux les saillies qui sont en relief sur la face opposée. Crochets peu saillants, contournés en dehors, presque égaux.

Cette espèce rappelle par ses gros plis quelques huitres de la craie supérieure, telles que les *Ostrea santonensis* et *O. dichotoma;* mais son caractère d'Exogyre l'en distingue facilement.

Elle acquiert quelquefois une taille double de l'exemplaire que nous avons fait figurer.

Nous l'avons recueillie dans l'aptien supérieur de Cabra et d'Oliete (Aragon).

Explication des figures.

Pl. XXVIII, fig. 4. Coquille de grandeur naturelle, vue par la valve inférieure. De notre collection.
— fig. 5. La même vue par la valve supérieure.

196. Ostrea Palæmon, H. Coquand.

Pl. XXVII, fig. 5, 6 et 7.

Dimensions.

Longueur : 100 millimètres.
Largeur : 62 —

Coquille exogyriforme, inéquivalve ; valve inférieure légèrement bombée, ornée sur la région anale de côtes rayonnantes, peu saillantes, écartées, qui vont en s'évanouissant à mesure qu'elles remontent vers le sommet. Valve supérieure plate, marquée de distance en distance de rides concentriques d'accroissement. Sommets tournés en dehors, peu saillants.

Les individus jeunes ont la valve inférieure entièrement sillonnée par des côtes rayonnantes.

Cette élégante espèce a été reccueillie par nous dans l'aptien supérieur à Arcaïne, Obon, Cabra, Santolea et Utrillas (Aragon).

Explication des figures.

Pl. XXVII, fig. 5. Coquille de grandeur naturelle, vue par la valve inférieure. De notre collection.
— fig. 6. La même vue par la valve supérieure.
— fig. 7. Individu jeune.

197. Ostrea Pentagruelis, H. Coquand.

Pl. XXVI, fig. 1 et 2.

Dimensions.

Hauteur : 200 millimètres.
Largeur : 70 —

Coquille plate, allongée, étroite, subéquivalve, lisse. Valve inférieure plate, largement convexe, feuilletée et marquée de rides nombreuses; sommet légèrement tourné vers la région buccale. Au-dessous des crochets on aperçoit un long canal étroit qui rappelle complètement l'*O. crassissima*. Ce canal s'élargit dans le centre et circonscrit l'impression musculaire qui est très-large et très-longue.

Valve supérieure plate, marquée de plis irréguliers d'accroissement.

Cette curieuse espèce, et que nous n'aurions pas hésité à considérer comme une variété de l'*O. crassissima*, si nous l'avions recueillie dans un étage miocène, forme des bancs de près d'un mètre de puissance au milieu de l'aptien lignitifère d'Utrillas. Nous l'avons observée en outre à Gargallo, à Oliete et à Aliaga (Aragon).

Explication des figures.

Pl. XXVI, fig. 1. Coquille de grandeur naturelle. De notre collection.
— fig. 2. La même montrant l'intérieur de la valve inférieure.

198. Ostrea Cassandra, H. Coquand.

Pl. XXVI, fig. 3 et 4.

Coquille exogyriforme, inéquivalve, adhérente.

Valve inférieure bombée, ornée de 7 à 8 côtes rayonnantes, écartées, traversées de rides concentriques d'accroissement. Valve inférieure enfoncée, lisse, marquée de stries fines. Crochets tournant en dehors, celui de la valve inférieure plus saillant que l'autre.

Cette espèce diffère de l'*O. Palæmon* par ses crochets inégaux et surtout par les côtes qui envahissent toute la surface des valves.

Nous l'avons recueillie dans les bancs de l'étage aptien à Santolea et à Cabra (Aragon).

Explication des figures.

Pl. XXVI, fig. 3. Coquille de grandeur naturelle. De notre collection
— fig. 4. La même vue par la valve inférieure.

199. Ostrea Polyphemus, H. Coquand.

Pl. XXVII, fig. 1, 2, 3 et 4.

Coquille multiforme, inéquivalve.

Jeune, cette espèce a la valve inférieure convexe, bombée ou légèrement applatie, et elle est ornée de côtes rayonnantes très-nombreuses, imbriquées et se dichotomant à mesure qu'elles atteignent la région palléale. La valve supérieure est plate ou légèrement bombée, lisse, ne portant de distance en distance, que des stries concentriques d'accroissement. Ces stries sont grossières. Les crochets sont aigus ou plats, suivant la position qu'ils prennent sur les corps sous-marins auxquels le crochet inférieur adhère.

Adulte, ou elle conserve la forme aiguë, allongée, ou bien elle devient large, et les côtes rayonnantes qui ornent sa valve inférieure tendent à s'effacer surtout vers le bord palléal.

Cette espèce acquiert quelquefois des proportions considérables; nous en possédons plusieurs exemplaires dont la longueur dépasse 150 millimètres et la largeur 100 millimètres.

Cette espèce est très-abondante, surtout dans l'aptien supérieur; elle redescend dans les calcaires à *Chama Lonsdalii*, mais elle n'accompagne pas ce fossile dans ses stations les plus inférieures.

Nous l'avons recueillie à Utrillas au milieu des lignites, à Las Paras de Martin, à Cabra, Obon, Arcaïne, Oliete, Barabassa, Gargallo, Santolea, Aliaga (Aragon). Nous l'avons observée à Uldecona et à Godall près de Tortosa (Province de Taragona).

Explication des figures.

Pl. XXVII, fig. 1. Exemplaire de grande taille, grandeur naturelle, vu par la valve inférieure. De notre collection.

— fig. 2 et 3. Exemplaire à forme étroite, vu de profil et par la valve supérieure.

— fig. 4. Individu jeune, vu par la valve inférieure.

200. Ostrea pes elephantis, H. Coquand.

Pl. XXVIII, fig. 1, 2 et 3.

Coquille épaisse, arrondie, inéquivalve.

Valve inférieure très-bombée, ornée de grosses côtes rayonnantes, plates, mal limitées et traversées par des rides très-rapprochées d'accroissement, qui donnent à la surface une structure rugueuse et bosselée.

Valve inférieure plate, ornée seulement de stries nombreuses d'accroissement. Crochets de la valve inférieure saillants, débordants ; crochet de la valve supérieure non apparent.

Cette remarquable espèce acquiert quelquefois des proportions doubles de l'exemplaire que nous représentons dans la planche.

Nous l'avons recueillie dans l'aptien supérieur à Utrillas, Cabra, Arcaïne et Santolea (Aragon).

Explication des figures.

Pl. XXVIII, fig. 1. Coquille de grandeur naturelle, vue par la valve supérieure. De notre collection.
— fig. 2. La même vue par la valve inférieure.
— fig. 3. La même vue de profil.

GENRE ANOMIA, Lamarck.

Ce genre n'est représenté que par une seule espèce.

201. Anomia refulgens, H. Coquand.

Pl. XXVII, fig. 8 et 9.

Coquille nacrée, mince, suborbiculaire, inéquivalve, lisse. Valve inférieure bombée, suborbiculaire, ou légèrement oblique, marquée de plis concentriques rapprochés.

Cette espèce est commune dans l'aptien supérieur d'Utrillas (Aragon) : mais son test est si fragile qu'il devient difficile d'obtenir des exemplaires bien conservés.

Explication des figures.

Pl. XXVII, fig. 8. Coquille de grandeur naturelle, bombée. De notre collection.
— fig. 9. Coquille de forme oblique.

CLASSE DES MOLLUSQUES BRACHIOPODES.

GENRE TEREBRATULA, Bruguière.

Ce genre est représenté par quatre espèces, dont deux nouvelles.

202. Terebratula sella, J. Sowerby.

Pl. XXII, fig. 6 et 7.

Synonymie.

Terebratula sella,	Sowerby, 1825, Min. conch., pl. 437, fig. 1 et 2.
Idem.	Roëm., 1840, Kreideg., p. 43, pl. 7, fig. 17.
Idem.	Leymerie, 1846, Statistique de l'Aube, pl. 5, fig. 18.
Idem.	Mantell, 1847, Geolog. Excursions round the isle of Wight, pl. 5, fig. 5.
Idem.	Orb., 1847, Pal. fr., Ter. crét., t. 4, p. 91, pl. 510, fig. 6 à 12.
Idem.	Davidson, 1855, Pal. Soc. Brit., cret. Brach., p. 59, pl. 7, fig. 4 à 10.
Idem.	Pictet et Renev., 1858, Fossiles du ter. aptien, p. 144, pl. 20, fig. 3, *a*, *b*.
Idem.	Vilanova, 1859, Memoria geognostica, pl. 11, fig. 21.
Terebratula Carteroniana.	Vilanova, 1859, Memoria geognostica, pl. 11, fig. 20.
— *sella.*	Coquand, 1862, Descr. géol. et pal. de la région sud de la prov. de Constantine, p. 283.

Cette espèce est fort abondante dans le terrain aptien de l'Espagne. Nous l'avons recueillie à Obon, Arcaïne, Cabra, Utrillas, Aliaga (Aragon). M. Vilanova et moi nous l'avons observée à Cinctorres, Bell, Morella, Chert (royaume de Valence).

Commune en France, en Angleterre, en Algérie et en Suisse (La Presta et la Perte du Rhône).

Explication des figures.

Pl. XXII, fig. 6. Coquille de grandeur naturelle. De notre collection.
— fig. 7. La même vue par la région palléale.

203. Terebratula Daphne, H. Coquand.

Pl. XXIII, fig. 6, 7, 8 et 9.

Dimensions.

Longueur : 20 millimètres.
Largeur : 18 —

Coquille presque aussi large que longue, courte sur la région cardinale, dilatée sur la région palléale. Valve supérieure moins renflée que la valve inférieure; près du sommet il naît une dépression médiane, profondément creusée, qui s'étend jusqu'à la région palléale. Valve inférieure pourvue, dans la partie médiane, d'une côte épaisse, obtuse, correspondant à la dépression de la valve supérieure. Ouverture grande, avec un deltidium large et court. Commissure palléale très-sinueuse et aiguë à sa partie centrale.

Cette espèce, voisine de la *T. sella* par presque tous ses caractères, s'en distingue nettement par le pli unique et relevé qu'elle présente sur le milieu de sa valve inférieure.

Nous l'avons recueillie à Arcaïne (Aragon) et à Morella (Royaume de Valence), dans les couches supérieures de l'étage aptien.

Explication des figures.

Pl XXIII, fig. 6. Coquille de grandeur naturelle, vue en face. De notre collection
— fig. 7. La même vue par la valve antérieure.
— fig. 8. La même vue de profil.
— fig. 9 La même vue par la région palléale.

204. Terebratula Chloris, H. Coquand.

Pl. XXII, fig. 3, 4 et 5.

Dimensions.

Longueur : 18 millimètres.
Largeur : 18 —

Coquille presque aussi large que longue, arrondie, déprimée, très-courte sur la région cardinale, dilatée sur la région palléale. Valve supérieure bombée; valve inférieure plate et même un peu déprimée vers la région palléale. Ouverture petite, dépourvue de deltidium; commissure palléale dépourvue de plis ou d'inflexions.

Cette espèce par sa forme plate et arrondie se sépare nettement des autres Térébratules de la craie.

Nous l'avons recueillie dans des couches supérieures de l'étage aptien, à Obon (Aragon).

Explication des figures.

Pl. XXII, fig. 3. Coquille de grandeur naturelle. De notre collection.
— fig. 4. La même vue par la valve antérieure.
— fig. 5. La même vue de profil.

205. Terebratula tamarindus, J. Sowerby.

Synonymie.

Terebratula tamarindus,	J. Sow., 1836, in Fitton. Trans. geol. Soc., t. 4, p. 338, pl. 14, fig. 8.
— *faba*,	J. Sow., 1836, in Fitton. Trans. geol. Soc., t. 4, pl. 14, fig. 10 (non *T. faba*, Orb.).
— *subtriloba*,	Desh., 1842, Mém. Soc. géol. de France, 2e série, t. 5, p. 12, pl. 15, fig. 7, 8 et 9.
— *tamarindus*,	Orb., 1847, Pal. fr., Ter. crét., t. 4, p. 72, pl. 505, fig. 1-10.
Waldheimia tamarindus,	Davidson, 1855, Pal. Soc. Brit., cret. Brach., p. 74, pl. 9, fig. 26 à 31.
Terebratula tamarindus.	Coquand, 1862, Desc. géol. et pal. de la région sud de la prov. de Constantine, p. 282.

Cette espèce est abondamment répandue dans les couches aptiennes des environs de Morella.

Elle existe également en Suisse, à la Perte du Rhône, dans l'Yonne, en Provence, en Angleterre et dans l'Algérie.

206. TEREBRATULA BIPLICATA, J. Sowerby.

Synonymie.

Terebratula biplicata,	Sow. 1815 (non Brocchi 1814), Min. conch., pl. 90.
Idem.	Fitton, 1836, Geol. trans., t. 4, p. 114, 130, 205, 242, 317.
Idem.	Davidson, 1855, Pal. Soc., Brit. cret. Brach. p. 55, pl. 6 et pl. 9, fig. 40.
Idem	Pictet et Renev., 1858, Fossiles du ter. aptien, p. 143, pl. 20, fig. 2, *a*, *b*, *c*, *d*, *e*.

Nous avons recueilli cette espèce dans les couches aptiennes de Morella, associée à la *T. sella*.

On la cite dans l'aptien de la Perte du Rhône et de la Presta, ainsi que dans celui de l'Angleterre.

GENRE RHYNCHONELLA, Fischer.

Ce genre est représenté par deux espèces.

207. RHYNCHONELLA BERTHELOTI, Orbigny.

Synonymie.

Rhynchonella Bertheloti,	Orb., 1847, Prodr., t. 2, p. 172.

Nous n'avons pas recueilli cette espèce. Elle nous a été donnée par un de nos guides comme provenant des environs d'Escucha, où existent à la fois les étages aptiens et carentoniens.

208. RHYNCHONELLA GIBBSIANA, Davidson.

Synonymie.

Terebratula Gibbsiana,	J. Sow., 1829, Min conch., pl. 537, fig. 9 et 10.
— *elegans*.	J. Sow., 1836, in Fitton, Trans. geol. Soc., t. 4, p. 130, pl. 14, fig. 11.

— *convexa*,	J. Sow., 1836, in Fitton, Trans. geol. Soc., t. 4, p. 130, pl. 14, fig. 12.
— *parvirostris*,	J. Sow., 1836, in Fitton, Trans. geol. Soc., t. 4, p. 130, pl. 14, fig. 13.
— *latissima*,	Roëm., 1841, Kreidegeb., p, 37, pl. 7, fig. 4.
— *nuciformis*,	Roëm., 1841, Kreidegeb., p. 38, pl. 7, fig. 5.
Rhynchonella lata,	Orb., 1847, Pal. fr., Ter. crét., t. 4, p. 21, pl. 491, fig. 8 à 17.
Idem.	Pictet et Roux, Grès verts, p. 540, pl. 50, fig. 3 et 4.
Rhynchonella Gibbsiana,	Davidson, 1855, Pal. Soc. Brit., cret. Brach., p. 98, pl. 12, fig. 11 et 12.
— *parvirostris*.	Davidson, 1855, Pal. Soc. Brit., cret. Brach., p. 97, pl. 12, fig. 13 et 14.
— *Gibbsiana*,	Pictet et Renev., 1858, Fossiles du terrain aptien, p. 147, pl. 20, fig. 5, 6 et 7.
— *lata*.	de Verneuil, 1854, Bull. Soc. géol. de France, t. 10, pl. 3, fig. 11.
Idem.	Vilanova, 1859, Mem. geognostica, pl. 11, fig. 19.

M. Vilanova et moi nous avons recueilli cette espèce dans l'aptien des environs d'Alcala de Chisvert, (Province de Castellon de la Plana).

Elle existe en Suisse à la Perte du Rhône, et à la Presta.

GENRE DISCINA, Lamarck.

Ce genre est représenté par deux espèces, qui sont nouvelles.

209. Discina Cyclops, H. Coquand.

Pl. XIX, fig. 7.

Dimension.

Diamètre : 16 millimètres.

Coquille orbiculaire, aussi large que haute, mince, ornée de stries concentriques, apparentes surtout vers le bord palléal, coupée carrément vers la région du crochet; sommet inframarginal.

Cette espèce a été recueillie par nous dans l'aptien inférieur à Utrillas (Aragon).

Explication de la figure.

Pl. XIX, fig. 7. Coquille de grandeur naturelle. De notre collection.

210. Discina papyracea, H. Coquand.

Pl. XIX, fig. 8.

Dimension.

Diamètre : 25 millimètres.

Coquille orbiculaire, presque aussi large que haute, mince, lisse ou ne montrant que des stries très-fines, visibles seulement à la loupe. Crochet inframarginal.

Cette espèce se distingue de la *D. Cyclops* par la moins grande épaisseur de son test et par son sommet arrondi.

Nous avons recueilli cette espèce dans l'aptien supérieur à Obon et à Josa.

Explication de la figure.

Pl. XIX, fig. 8. Coquille de grandeur naturelle. De notre collection

---

CLASSE DES ÉCHINODERMES.

GENRE HETERASTER, Orbigny.

Ce genre est représenté par une espèce unique.

211. Heteraster oblongus, Orbigny.

Synonymie.

Spatangus oblongus,	Deluc, 1821, in Brong., Ann. des Mines, t. 6, p. 555, pl. 7, fig. 9.
Toxaster oblongus,	Agas., 1847, Catal. raison, Echinod., p. 131.
Micraster oblongus,	Orb., 1850, Prodr., t. 2, p. 141.
Heteraster oblongus.	Orb., 1853, Pal. fr., Ter. crét., t. 6, p. 176. pl. 847.
Idem.	Pictet et Renev., 1858, Fossiles de la Perte du Rhône, p. 152, pl. 21, fig. 3 à 6.
Toxaster oblongus,	Vilanova, 1859, Mem. geognostica, pl. 11, fig. 22.

Cette espèce est assez rare dans le royaume d'Aragon.

Nous l'avons recueillie dans l'aptien supérieur à Obon, à Arcaïne et à Cabra. Mais elle est fort répandue dans le royaume de Valence, où elle caractérise l'aptien inférieur, notamment à Morella, à Cinctorres, à Chert, à Bell, à Castell de Cabres, à Emborro près Alcala de Chisvert.

On la signale en France. Elle est abondante à la Presta, et à Sainte-Croix.

M. Coste nous a communiqué un exemplaire qu'il a recueilli dans les calcaires à *Chama ammonia* de Montredon (Banlieue de Marseille).

GENRE ECHINOSPATAGUS, Breynius.

Ce genre est représenté par trois espèces.

212. ECHINOSPATAGUS COLLEGNOI, Orbigny.

Synonymie.

Toxaster Collegnoi,	E. Sism., Echin. Fossiles de Nice, p. 21, pl. 1, fig. 9-11.
Echinospatagus Collegnoi,	Orb., 1858, Pal. fr., Ter. crét., t. 6, p. 169, pl. 886.
Toxaster Collegnoi,	Desor, 1858, *Synopsis*, p. 354.

Nous avons recueilli cette espèce dans l'aptien de Santolea (Aragon).

Elle est également aptienne en France.

ECHINOSPATAGUS SUBCYLINDRACEUS, Orbigny.

Synonymie.

Holaster subcylindraceus,	Albin Gras, Ours. foss., p. 63, pl. 4, fig. 9 et 10.
Echinospatagus subcylindraceus,	Orb., 1858, Pal. fr., ter. crét., t. 6, p. 166, pl, 844.
Toxaster subcylindraceus,	Desor, 1858, Synopsis, p. 355.

Nous avons recueilli cette espèce dans l'aptien supérieur à Cabra et Santolea (Aragon) et à Vallanche près d'Alcala de Chisvert (Royaume de Valence).

En France cette espèce est également aptienne.

214. Echinospatagus argilaceus, Orbigny.

Synonymie.

Spatagus argilaceus,	Phillips, Geol. du Yorksh., pl. 11. fig. 4.
Echinospatagus argilaceus.	Orb., 1858, Pal. fr., Ter. crét., t. 6. p. 167, pl. 845.
Toxaster argilaceus.	Desor, 1858, Synopsis, p. 354.

Nous avons recueilli cette espèce dans l'aptien de Morella (Royaume de Valence).

Elle est également aptienne dans l'Yonne, la Provence et en Angleterre.

GENRE EPIASTER, Orbigny.

Ce genre est représenté par une espèce unique.

215. Epiaster polygonus, Orbigny.

Synonymie.

Micraster polygonus.	Agas., 1847, Catal. raison. Echinod., p. 130.
Idem.	Orb., 1850, Prodr., t. 2, p. 141.
Epiaster polygonus,	Orb., 1853, Pal. fr., Ter. crét., t. 6, p. 188. pl. 854.
Idem.	Pictet et Renev., 1858, Fossiles du ter. aptien, p. 153, pl. 21, fig. 7, *a*, *b*, *c*, *d*.

Cette espèce a été recueillie par nous dans les couches supérieures de l'étage aptien, à Cabra (Aragon) ; elle y est rare.

On la cite également en Suisse, à la Perte du Rhône et à Sainte-Croix.

GENRE TREMATOPYGUS, Orbigny.

Nous n'avons observé qu'une seule espèce appartenant à ce genre.

215 *bis*. Trematopygus excentricus, Pictet et Renevier.

Synonymie.

Trematopygus excentricus,	Pictet et Renevier, 1858, Fossiles du ter. aptien, p. 155, pl. 22, fig. 3, *a*, *b*, *c*, *d*.

Nous avons recueilli cette espèce dans l'aptien supérieur du Barranco redondo, entre Obon et Lahoz de la Vieja (Aragon).

Elle a été signalée pour la première fois par MM. Pictet et Renevier dans l'étage aptien de la Perte du Rhône.

GENRE PYGAULUS, Agassiz.

Ce genre est représenté par deux espèces

216. PYGAULUS OVATUS, Agassiz.

Synonymie.

Pygaulus ovatus,	Agas,, 1847, Catal. raison. Echinod, p. 101
Idem.	Orb., 1853, Pal. fr., Ter. crét., t. 6, p 356, pl. 937, fig. 1 à 6.
Idem.	Pictet et Renev.. 1858, Fossiles du ter. aptien, p. 154, pl. 22, fig. 1 et 2.

Cette espèce a été recueillie par nous à Morella dans l'aptien inférieur.

C'est également dans l'aptien qu'on la trouve à la Perte du Rhône (Suisse).

217. PYGAULUS DESMOULINII, Agassiz.

Synonymie.

Pygaulus Desmoulinii,	Agas., Catal. raison., p. 101.
— *depressus,*	Albin Gras, Ours fossiles, p. 49.
Idem.	Orb., 1856, Pal. fr., Ter. crét., t. 6, p. 353, pl. 934
Catopygus depressus,	Agas., Catal. systèm., p. 4.
Pygaulus Desmoulinii,	Desor, *Synopsis*, 1858, p. 252, pl. 30, fig. 9 à 11.

Nos exemplaires d'Espagne se rapportent exactement aux figures et à la description données par M. Desor. Ils se rapportent également aux figures du *P. ovatus* de M. Pictet (Fossiles du terrain aptien, pl. XXII, fig. 1 et 2); ce savant renvoie pour les individus recueillis à la Perte du Rhône au *P. ovatus* de d'Orbigny (pl. 937, fig. 1 à 6). Nous devons faire observer que la figure de la paléontologie française est bien plus élargie en arrière et de plus un peu rostrée.

Nous l'avons recueillie dans l'aptien de Morella (royaume de Valence).

En Suisse et dans le midi de la France, cette espèce est spéciale aux assises à *Chama ammonia* et à l'aptien proment dit.

GENRE GALERITES, Lamarck.

Ce genre n'est représenté que par une espèce unique.

218. Galerites gurgitis, Pictet et Renevier.

Synonymie.

Galerites gurgitis,	Pictet et Renev., 1858, Fossiles du ter. aptien, p. 156, pl. 22, fig. 4.

Nous avons recueilli deux individus de cette espèce dans l'aptien d'Espagne, l'un à Obon (Province de Teruel), le deuxième dans les environs de Morella (province de Castellon).

Cette espèce existe également en Suisse, à la Perte du Rhône.

GENRE HOLECTYPUS, Desor.

Ce genre n'est représenté que par une seule espèce.

219. Holectypus similis, Desor.

Synonymie.

Holectypus similis,	Desor, 1857, Synop. des Echin. fossiles, p. 174.
Idem.	Pictet et Renev., 1858, Fossiles du ter. aptien, p. 157, pl. 22, fig. 5, *a*, *b*, *c*.
Discoidea macropyga,	Vilanova, 1859, Mem. geognostica, pl. 11, fig. 24.

Nous avons recueilli cette espèce à Morella, à Cinctorres à Alcala de Chisvert (Royaume de Valence), et à Las Paras de Martin et Utrillas (Aragon).

On la cite en Suisse, à la Presta et à la Perte du Rhône.

GENRE PSEUDODIADEMA, Desor.

Ce genre est représenté par deux espèces.

220. PSEUDODIADEMA DUBIUM, Cotteau.

Synonymie.

Diadema dubium,	A. Gras, 1848, Ours. foss. de l'Isère, Suppl., p. 3, fig. 21-23.
Pseudodiadema dubium.	Cotteau, 1856, Pal. fr., Ter. crét., t. 7, p. 442, pl. 1104.
Tetragramma variolare,	Vilanova, 1859, Memoria geognostica, pl. 11, fig. 23.

Nous avons recueilli cette espèce dans les couches aptiennes de Morella. M. Vilanova le cite à Cinctorres (Royaume de Valence).

Elle est propre au terrain aptien dans le département de l'Isère.

221. PSEUDODIADEMA MALBOSI, Cotteau.

Synonymie.

Echinus Bolivarii,	Orb., 1842, Fossiles de Colombie, voy. dans l'Amér. mérid., p. 95, pl 21, fig. 11 à 13.
Diplopodia Malbosi,	Desor, 1856, Synopsis des Echin. foss., p. 78 pl. 12, fig. 12-14.
Pseudodiadema Malbosi,	Cotteau, 1863, Pal. fr., Ter. crét., t. 7, p. 448, pl. 1106 et 1107.

Nous avons recueilli cette espèce à Arcaïne, Aliaga, Gargallo (Aragon) et à Morella (Province de Castellon), dans l'étage aptien.

On la cite dans la même position à la Clape près de Narbonne et dans le massif de la Sainte-Beaume (Provence).

Nous rapportons au *Pseudodiadema Malbosi* l'échinoderme décrit par d'Orbigny sous le nom d'*Echinus Bolivarii*. A en juger par les descriptions et par les figures, quoique restaurées, du voyage dans l'Amérique méridionale, cet *Echinus* appartient au genre *Pseudodiadema* et à la section des *Diplopodia* de M. Desor.

GENRE SALENIA, Gray.

Ce genre est représenté par deux espèces.

222. SALENIA PRESTENSIS, Desor.

Synonymie.

Salenia Prestensis,	Desor, 1856, Synopsis Echin., p. 151.
Idem.	Pictet et Renevier. 1858, Fossiles du ter. aptien, p. 159, pl. 22, fig. 6, *a*, *b*, *c*.

Cette espèce à été recueillie à Morella.

Elle n'est pas rare en France, notamment à la Clape. Elle existe aussi à la Presta, en Suisse.

223. SALENIA TRIBOLITI, Desor.

Synonymie.

Salenia Triboleti,	Desor, 1856, Synopsis Echinod., p. 151.
Idem.	Pictet et Renev., 1858, Fossiles du ter. aptien, p. 160, pl. 22, fig. 7 et 8.

Nous avons recueilli cette espèce dans les couches aptiennes de Morella.

On la cite également à la Presta.

CLASSE DES POLYPES.

GENRE PARASMILIA, M. Edwards et Haime.

Ce genre n'est représenté que par une espèce.

224. PARASMILIA APTIENSIS, Pictet et Renevier.

Synonymie.

Parasmilia Aptiensis.	Pictet et Renev., 1858, Fossiles du ter. aptien, p. 165, pl. 23, fig. 2, *a*, *b*, *c*, *d*.
Idem.	E. de Fromentel, Pal. fr., Ter. crét., t. 8, p. 215. pl. 23, fig. 3.

Nous avons recueilli cette espèce dans les couches de l'aptien supérieur à Obon (Aragon).

Elle existe dans la même position en Suisse, à la Perte du Rhône.

GENRE THAMMASTREA, Lesauvage.

Ce genre est représenté par une espèce unique.

225. THAMNASTREA UTRILLENSIS, H. Coquand.

Pl. XXIV, fig. 5.

Polypier en masse polymorphe. Calices superficiels. Columelle papilleuse. Cloisons serrées et fortement dentées et anastomosées. Diamètre des calices variant entre 5 et 7 millimètres.

Nous avons recueilli cette espèce dans l'aptien inférieur à Utrillas, Escucha (Aragon), et à Godall (Province de Taragona).

Explication de la figure.

Pl. XXIV, fig 5. Portion d'un polypier de grandeur naturelle. De notre collection.

GENRE PLATYCYATHUS, Fromentel.

Ce genre est représenté par une seule espèce.

226. PLATYCYATHUS ORBIGNYI, Fromentel.

Synonymie.

Platycyathus Orbignyi. E. de Fromentel, 1862, Pal. fr., Ter. crét., t. 8, p. 182, pl. 25, fig. 25.

Cette espèce est très-abondante dans le terrain aptien des environs de Morella (Province de Castellon). Nous l'avons également trouvée à Obon et à Arcaïne (Aragon)

En France, on l'a signalée dans l'aptien de la Bedoule (Bouches-du-Rhône).

GENRE THECOCYATHUS, Milne Edw. et Haime.

Ce genre est représenté par une espèce.

227. Thecocyathus cretaceus, E. de Fromentel.

Synonymie.

Thecocyathus cretaceus, Fromentel, 1862, Pal. fr., Ter. crét., t. 8, pl. 25, fig. 2.

Nous avons recueilli cette espèce dans l'étage aptien des environs de Morella (Royaume de Valence).

Elle existe en France dans l'aptien de la Bedoule.

GENRE PHYLLOCÆNIA, Edw. et Haime.

Ce genre est représenté par deux espèces.

228. Phyllocænia Fromenteli, H. Coquand.

Pl. XXIII, fig. 10 et 11.

Polypier en cône renversé, à surface calicinale convexe; calices ronds, quelquefois déformés, de grandeurs différentes; cloisons fines peu débordantes : on en compte 48 (4 cycles complets dans les grands calices); 48 côtes égales et bien marquées. Columelle rudimentaire.

Diamètre des grands calices : 5 millimètres.

Nous avons recueilli cette espèce dans les couches lignitifères de l'aptien supérieur d'Utrillas (Aragon).

Explication des figures.

Pl. XXIII, fig. 10. Polypier de grandeur naturelle. De notre collection.
— fig. 11. Calice grossi.

229. Phyllocænia Ferryi, H. Coquand.

Pl. XXIV, fig. 3 et 4.

Polypier étalé en lames à surface surplane. Calices contigus de même grandeur, ronds et très-réguliers. Cloisons fines, peu débordantes, seize allant jusqu'au centre, entre chaque grande cloison, une cloison secondaire ; en tout

32 cloisons. Côtes bien marquées; largeur des calices : 2 millimètres 1/2.

Nous avons recueilli cette espèce dans les couches de l'aptien inférieur à Escucha (Aragon).

Explication des figures.

Pl. XXIV, fig. 3. Fragment de polypier de grandeur naturelle. De notre collection.
— fig. 4. Portion grossie.

CLASSE DES FORAMINIFÈRES.

GENRE ORBITOLINA, Orbigny.

Ce genre n'est représenté que par une espèce.

230. ORBITOLINA LENTICULARIS, Orbigny.

Synonymie.

Lenticulaire de la Perte du Rhône, de Saussure, 1779, Voyage dans les Alpes. t. 1, p. 343, pl. 3, fig. 3.

Lenticulaire.	Deluc, 1799, Journ. de Phys., p. 216 et 1803, t. 56, p. 325, fig. 1 à 6.
Discolithe,	Fortis. 1802, Mém., t. 2, pl. 3, fig. 12 à 14 et pl. 4, fig. 6.
Madreporites lenticularis.	Blum., 1805, Nat. hist., Abbild., n° et fig. 80.
Orbulites lenticulata.	Lamk, 1816, Anim. sans vert., t. 2, p. 197.
Orbulites lenticularis,	Lamouroux, 1821, Exp. méth., Polyp., p. 45. pl. 72, fig. 13 à 16.
Orbitolites lenticulata.	Brong., 1822, in Cuv., Ossem. foss., 4e édit., t. 4, p. 174, pl. 2, fig. 4.
Idem.	Bronn, 1825, Syst. Urwelt. Pflanzenthiere, p. 43, pl. 6, fig. 18.
Idem.	Orb., 1850, Prodr., t. 2, p. 143.
Orbitolina conoidea.	A. Gras, 1852, Foss. Isère, p. 51, pl. 1, fig. 4 à 6.
Orbitolina discoidea,	A. Gras, 1852, id., p. 52, pl. 1, fig. 7 à 9.
Orbitolina lenticularis.	Pictet et Renev., 1858, Fossiles du terrain apt., p. 166, pl. 23, fig. 3, *a, b, c, d, e, f.*
Orbitulites lenticularis,	Karsten, 1858, Geognostische Verhältnisse des Westlichen Columbien. p. 114. pl. 6, fig. 6.
Orbitolina lenticulata.	Coquand, 1862, Descript. géol. et paléont. de la région sud de la prov. de Constantine, p. 285.

Cette espèce est fort abondante dans le terrain aptien de la péninsule Espagnole et souvent elle constitue à elle seule des bancs entiers de 50 centimètres à 1 mètre. C'est elle qui sépare l'aptien supérieur de l'aptien inférieur, et bien qu'on l'observe dans les bancs à *Trigonia longa*, on peut cependant convenir qu'elle y est très-rare. Mais elle foisonne dans les assises à *Chama Lonsdalii* et alterne plusieurs fois avec elle : or comme ces mêmes assises renferment à leur tour plusieurs espèces de l'aptien supérieur, et entre autres le *Pteroceras pelagi*, l'*Heteraster oblongus*, il devient impossible d'opérer une séparation paléontologique entre l'aptien proprement dit et les calcaires connus sous les noms de calcaires à Chama.

Il est inutile de citer des localités, puisque partout où, dans les royaume de Valence et d'Aragon, on met le pied sur l'étage aptien, on est certain d'y rencontrer des bancs entiers d'*Orbitolina lenticularis*.

Elle est également très-abondante en France et notamment en Suisse, à la Perte du Rhône, etc.

Karsten l'a retrouvée dans la Colombie : nous l'avons aussi recueillie en Algérie.

RÉCAPITULATION
des Fossiles signalés dans l'étage aptien de l'Espagne.

ANNÉLIDES.

1. Serpula antiquata, Sowerby.
2. — cincta, Goldfuss.
3. — filiformis, Sow.

MOLLUSQUES CÉPHALOPODES.

4. Belemnites semicanaliculatus, Blainville.
5. Nautilus Lallerianus, Orbigny.
6. — neocomiensis, Orb.
7. Ammonites Arnaudi, Coquand.
8. — Athos, Coq.
9. — bicurvatus, Orbigny.
10. — Cornuelianus, Orb.
11. — Didayanus, Orb.
12. — Emerici, Orb.
13. — fissicostatus, Phillips.
14. — furcatus, Sowerby.
15. — Feraudianus, Orbigny.
16. — Gargasensis, Orb.
17. — Ivernoisi, Coquand.
18. — crassicostatus, Orbigny.
19. — Martinii, Orb.
20. — Nisus, Orb.
21. — Parandieri, Orb.
22. — Matheroni, Orb.
23. — rotula, Sowerby.
24. — Treffryanus, Roëmer.
25. — venustus, Phillips.
26. — Vilanovæ, Coquand.
27. Toxoceras Honoratianum, Orbigny.
28. Hamulina dissimilis, Orb.

MOLLUSQUES GASTÉROPODES.

29. Turritella Charpentieri, Pictet et Renevier.
30. — Fresqueti, Coquand.
31. — pusilla, Coq.
32. — Tournali, Coq.
33. — venusta, Coq.
34. — Vidalina, Coq.
35. Cassiope helvetica, Coquand.
36. — Lujani, Coq.
37. — Picteti, Coq.
38. — Pizcuetana, Coq.
39. — Renevieri, Coq.
40. — turrita, Coq.
41. Nerinea Archimedis, Orbigny.
42. — Chloris, Coquand.
43. — clavus, Coq.
44. Galatea, Coq.
45. — gigantea, Hombre-Firmas.
46. — Renauxiana, Orbigny.
47. Acteon Verneuilli, Coquand.
48. Acteonella fusiformis, Coquand.
49. — oliviformis, Coq.
50. Globiconcha utriculus, Coquand.
51. Natica Alcibari, Coquand.
52. — Cornueliana, Orbigny.
53. — Gasullæ, Coquand.
54. — lævigata, Orbigny.
55. — Pradoana, Vilanova.
56. — Sueurii, Pictet et Roux.
57. Tylostoma Rochatianum, Pictet et Campiche.
58. Stomatia ornatissima, Coquand.
59. Pleurotomaria gigantea, Sowerby.
60. Strombus globulus, Coquand.
61. — Hector, Coq.
62. Aporrhaïs affinis, Coquand.
63. — bulbiformis, Coquand.
64. — Gasullæ, Coquand.
65. — pleurotomoïdes, Coq.
66. — Priamus, Coquand.

67. Aporrhaïs Rouxii, Pictet et Campiche.
68. — simplex, Coquand.
69. — Spartacus, Coq.
70. — Vilanovæ, Coq.
71. Pterocera pelagi Orbigny.
72. Fusus absconditus, Coquand.
73. Bulla reperta, Coquand.
74. Cerithium Forbesianum, Orbigny.
75. — Gassendii, Coquand.
76. — Hispanicum, Coq.
77. — Lamanonis, Coq.
78. — Nostradami, Coq,
79. — Tourneforti, Coq.
80. — Reynieri, Pictet et Renevier.

MOLLUSQUES ACÉPHALES.

81, Teredo lignitorum, Coquand.
82. Panopæa Aptiensis, Coquand.
83. — fallax. Coq.
84. — nana, Coq.
85, — neocomiensis, Orbigny.
86. — plicata, Roëmer.
87. Pholadomya Collombi, Coquand.
88. — Cornueliana, Orbigny.
89. — Hispanica, Coq.
90. — gigantea, Forbes.
91. — pedernalis, Roëmer.
92. — recurrens, Coquand.
93. — sphæroïdalis, Coq.
94. Ceromya recens, Coquand.
95. Anatina Robinaldina, Orbigny.
96. Arcopagia multilineata, Coquand.
97. Periploma Lorieri, Coquand.
98. — Verneuilli, Coq.
99. Lavignon indifferens, Coquand.
100. Tellina gibba, Coq.
101. Corbula striatula, Sowerby.
102. — cometa, Coquand.

103. Circe conspicua, Coquand.
104. — lunata, Coquand.
105. Venus Cleophe, Coquand.
106. — Costei, Coquand.
107. — latesulcata, Matheron.
108. — Rouvillei, Coquand.
109. — sylvatica, Coquand.
110. — Vandoperana, Orbigny.
111. Tapes parallela, Coquand.
112. Dosinia Argine, Coquand.
113. — Euterpe, Coquand.
114. Cyprina æquilateralis, Coq.
115. — carinata, Coq.
116. — curvirostris, Coquand.
117. — expansa, Coq.
118. — inornata, Sowerby.
119. — Saussurei, Pictet et Roux.
120. — modesta, Coquand.
121. Isocardia nasuta, Coquand.
122. — pusilla, Coquand.
123. Cypricardia nucleus, Coquand.
124. — secans, Coq.
125. Corbis corrugata, Forbes.
126. Cardium amænum, Coquand.
127. — Amphitritis, Coq.
128. — bidorsatum, Coq.
129. — comes, Coquand.
130. — Euryalus, Coq.
131. — Ibbetsoni, Forbes.
132. — miles, Coquand.
133. — Janus, Coq.
134. Cardita pinguis, Coq.
135. Astarte amygdala, Coq.
136. — dimidiata, Coq.
137. — gravida, Coq.
138. — lurida, Coq.
139. — obovata, Sowerby.
140. — princeps, Coquand.
141. — triangularis, Coquand.
142. Crassatella dædalea, Coquand.

143. Trigonia abrupta, Buch.
144. — aliformis, Parkinson.
145. — carinata, Agassiz.
146. — caudata, Agas.
147. — Hondaana, Lea.
148. — Lamarckii, Matheron.
149. — longa, Agassiz.
150. — ornata, Orbigny.
151. — nodosa, Sowerby.
152. — peninsularis, Coquand.
153. — Picteti, Coq.
154. Arca bicarinata, Coquand.
155. — Cymodoce, Coq.
156. — dilatata, Coq.
157. — Sablieri, Coq.
158. Nucula impressa, Sowerby.
159. Mytilus æqualis, Orbigny.
160. — Fittoni, Orb.
161. — Cuvieri, Matheron.
162. — subsimplex, Orbigny.
163. Pinna Robinaldina, Orb.
164. Gervilia aliformis, Orb.
165. — anceps, Orb.
166. — magnifica, Coquand.
167. Perna Morellensis, Coq.
168. — pachyderma, Coq.
169. Lima expansa, Forbes.
170. — longa, Roëmer.
171. — Orbignyana, Matheron.
172. — parallela. Morris.
173. — Dupiniana, Orbigny.
174. — Eucharis, Coquand.
175. — Hispanica, Coq.
176. Janira Morrisi, Pictet et Roux.
177. Pecten Achates, Coquand.
178. — Daubrei. Coquand.
179. — Dutemplei, Orbigny.
180. — Morellensis, Coquand.
181 Hinnites Favrinus, Pictet et Roux.
182 Chama Lonsdalii, Coquand.

183. Caprina Baylei, Coquand.
184. — Verneuilli, Bayle.
185. Radiolites Marticensis, Orbigny.
186. Plicatula Arachne, Coquand.
187. — inflata, Sowerby.
188. — placunea, Lamarck.
189. Ostrea aquila, Orbigny.
190. — Boussingaultii, Orb.
191. — callimorphe, Coquand.
192. — Cassandra, Coq.
193. — Palæmon, Coq.
194. — Leymerii, Deshayes.
195. — Pasiphaë, Coquand.
196. — Pentagruelis, Coq.
197. — pes elephantis, Coq.
198. — Polyphemus, Coq.
199. — præcursor, Coq.
200. — Silenus, Coq.
201. Anomia refulgens, Coq.

MOLLUSQUES BRACHIOPODES

202. Terebratula biplicata, Soverby.
203. — Chloris, Coquand.
204. — Daphne, Coq.
205. — sella, Coq.
206. — tamarindus, Sowerby.
207. Rhynchonella Bertheloti, Orbigny.
208. — Gibbsiana, Davidson.
209. Discina cyclops, Coquand.
210. — papyracea, Coq.

RAYONNÉS.

ECHINODERMES.

211. Heterasler oblongus, Orbigny.
212. Epiaster polygonus, Orbigny.
213. Pygaulus Desmoulinii, Agassiz.
214. — ovatus, Pictet et Renevier.

215. Galerites Gurgitis, Pictet et Renev.
216. Holectypus similis, Desor.
217. Trematopygus excentricus, Pictet et Renev.
218. Echinospatagus argilaceus, Orbigny.
219. — Collegnoyi, Orbigny.
220. — subcylindraceus, Orbigny.
221. Pseudodiadema dubium, Cotteau.
222. — Malbosi, Cotteau.
223. Salenia Prestensis, Desor.
224. — Triboleti, Desor.

POLYPES.

225. Parasmilia Aptiensis, Pictet et Renevier.
226. Thamnastrea Utrillensis, Coquand.
227. Platycyathus Orbignyi, Fromentel.
228. Thecocyathus cretaceus, From.
229. Phyllocœnia Ferryi, Coquand.
230. — Fromenteli. Coq,

FORAMINIFÈRES.

231. Orbitolina lenticularis, Orbigny.

Le nombre des espèces que j'ai observées dans l'étage aptien de l'Espagne est donc de 231, tandis qu'il ne s'élève qu'à celui de 152 dans l'aptien de la Suisse.

Sur ces 231 espèces, 120 sont nouvelles et 111 se trouvent déjà décrites.

Afin de rendre les comparaisons plus faciles, nous donnons ci-après la liste des fossiles qui ont été déjà signalés dans quelques régions que l'on a considérées comme classiques pour l'étude de l'étage aptien.

Nous commencerons par la Suisse.

LISTE

des Fossiles signalés dans l'étage aptien de la Suisse.

1. Acteonina Chavannesi, Pictet et Renevier.
2. — Tombeckiana, Pictet et Renev.
3. — Renevieri, Pictet et Campiche.
4. Ammonites Campichii, Pictet et Renevier.
5. — Cornuelianus, Orbigny.
6. — furcatus, Sowerby.
7. — Gargasensis, Orbigny.
8. — inornatus, Orb.
9. — Ivernoisi Coquand.
10. — Martinii, Orbigny.
11. — Milletianus, Orb.
12. Anatina Heberti, Pictet et Renevier.
13. — Rhodani, Pictet et Roux.
14. — Robinaldina. Orbigny.
15. Aporrhaïs Forbesi, Pictet et Campiche.
16. — Rouxii, Pictet et Camp.
17. — Triboleti, Pictet et Camp.
18. — Dupiniana, Pictet et Camp.
19. Arca glabra, Goldfuss.
20. — Raulini, Orbigny.
21. — Robinaldina, Orb.
22. Arcopagia subconcentrica, Orb.
23. Astarte Buchii, Roëmer.
24. — laticosta, Deshayes.
25. — obovata, Sowerby.
26. — sinuata, Orbigny.
27. Avellana Aptiensis, Pictet et Campiche.
28. Belemnites semicanaliculatus, Blainville.
29. Bulla (cyclina) Tombeckiana , Pictet et Ren.
30. Cardita fenestrata, Orbigny.
31. — Meriani, Pictet et Renevier.
32. Cardium Bellegardense, Pictet et Renev.
33. — Ibbetsoni, Forbes.
34. — Forbesianum, Pictet et Renev.
35. — sphæroidum, Forbes.
36. Cassiope Lujani, Coquand.

37. Cassiope Helvetica, Coquand.
38. Cerithium Coquandi, Pictet et Campiche.
39. — Loryi, Pictet et Campiche.
40. — Nicoleti, Pictet et Campiche.
41. — Forbesianum, Orbigny.
42. — Reynieri, Pictet et Roux.
43. — Rochati, Pictet et Renevier.
44. — Santæ-crucis, Pictet et Campic.
45. — Valdense, Pictet et Campiche.
46. Corbis corrugata, Forbes.
47. Corbula striatula, Sowerby.
48. Crassatella Robinaldina, Orbigny.
49. Cyprina angulata, Flem.
50. — Saussurei, Pictet et Roux.
51. Epiaster polygonus, Orbigny.
52. Flustrella Rhodani, Pictet et Renevier.
53. Fusus Valdensis, Pictet et Campiche.
54. Galerites Gurgitis, Pictet et Renevier.
55. Gervilia aliformis, Orbigny.
56. — anceps, Deshayes.
57. — linguloides, Forbes.
58. Heteraster oblongus, Orbigny.
59. Hinnites Favrinus, Pictet et Roux.
60. Holectypus similis, Desor.
61. Hyposalenia Lardyi, Desor.
62. — Meyeri, Desor.
63. Janira Morrisi, Pictet et Roux.
64. Lima paralella, Morris.
65. Lithodomus oblongus, Orbigny.
66. Mactra Montmollini, Pictet et Renevier.
67. Murex Prestensis, Pictet et Campiche.
68. Mytilus bellus, Forbes.
69. — Fittoni. Orbigny.
70. — lanceolatus, Sowerby.
71. — sublineatus, Orbigny.
72. — subsimplex, Orb.
73. Nautilus Lallerianus, Orb.
74. — Neckerianus, Pictet.
75. — plicatus, Sowerby.
76. Natica Cornueliana, Orbigny.

77. Natica lævigata, Orbigny.
78. — rotundata, Sowerby.
79. — Sueurii, Pictet et Renevier.
80. Nerinea Aptiensis, Pictet et Campiche.
81. — palmata, Pictet et Campiche.
82. — rostrata, Pictet et Campiche.
83. Nucula impressa, Sowerby.
84. Opis Mayori, Pictet et Renevier.
85. — neocomiensis, Orbigny.
86. Operculina Cruciensis, Pictet et Renevier.
87. Orbitolina lenticulata, Orbigny.
88. Ostrea Allobrogensis, Pictet et Roux.
89. — aquila, Orbigny.
90. — Boussingaultii, Orb.
91. Panopæa Gurgitis, Pictet et Renevier.
92. — neocomiensis, Orbigny.
93. — plicata, Roëmer.
94. Parasmilia Aptiensis, Pictet et Renevier.
95. Pecten Dutemplei, Orbigny.
96. — Greppini, Pictet et Renevier.
97. Perna Bourgueti, Pictet et Renevier.
98. — Ricordeana, Orbigny.
99. Pholadomya Cornueliana, Orb.
100. — gigantea, Forbes.
101. — pedernalis, Roëmer.
102. — semicostata, Agassiz.
103. Pinna Robinaldina, Orbigny.
104. Pleurotomaria Anstedi, Forbes.
105. — gigantea, Sowerby.
106. Plicatula infata, Sow.
107. — placunea, Lamarck.
108. Psammobia Studeri, Pictet et Renevier.
109. Pterocera pelagi, Orbigny.
110. — Rhochatiana, Orb.
111. Pygaulus ovatus, Pictet et Renevier.
112. Pyrula Valdensis, Pictet et Renevier.
113. Rhynchonella Gibbsiana, Davidson.
114. Salenia Prestensis, Desor.
115. — Triboleti, Desor.
116. Scalaria brevis, Pictet et Campiche.

117. Scalaria Rouxii, Pictet et Renevier.
118. Serpula antiquata, Sowerby.
119. — cincta, Goldfuss.
120. filiformis, Sowerby.
121. Siphonia rhodaniensis, Pictet et Renevier.
122. Solecurtus Desori, Pictet et Renev.
123. Spondylus Brunneri, Pictet et Renev.
124. Terebratella oblonga, Orbigny.
125. Terebretula biplicata, Sowerby.
126. — depressa, Lamarck.
127. — sella, Sowerby.
128. — tamarindus, Sow.
129. Terebrirostra Arduennensis, Orbigny.
130. Thamnastrea Pilleti, Pictet et Renev.
131. Thracia Archiaci, Pictet et Renevier.
132. — Couloni, Pictet et Renev.
133. — subangulata, Deshayes.
134. Trematopygus excentricus, Pictet et Renev.
135. Trigonia aliformis, Parkinson.
136. — Archiaciana, Orbigny.
137. — carinata, Agassiz.
138. — caudata, Agas.
139. — longa, Agas.
140. — nodosa, Sowerby.
141. — ornata, Orbigny.
143. Trochus Couveti, Pictet et Renev.
143. — Oosteri, Pictet et Campiche.
144. — Razoumowski, Pict. et et Renev.
145. Turbo Fleurierensis, Pictet et Campiche.
146. — inæquilineatus, Pictet et Campiche.
147. — Langii, Pictet et Campiche.
148. — munitus, Forbes.
149. — Thurmanni, Pictet et Campiche.
150. Turritella Charpentieri, Pictet et Roux.
151. Tylostoma Rhochatiana, Pictet et Campiche.
152. Venus Vendoperana, Orb.

Cette liste de fossiles a été relevée sur les travaux monographiques de MM. Pictet, Renevier et Campiche sur les terrains aptiens et néocomiens de la Suisse. Il est vrai de dire que la description des terrains crétacés de Sainte-Croix ne comprend que les Céphalopodes et les Gastéropodes, et que la publication non encore achevée des Bivalves, des Brachiopodes et des Radiaires augmentera d'une manière notable le nombre des espèces que nous citons ici.

Toutefois, il est utile de faire remarquer que, depuis longtemps les paléontologistes, et ils sont en nombre considérable, fouillent avec une ardeur merveilleuse tous les gisements fossilifères de la Suisse, tandis que le catalogue que nous donnons du terrain aptien de l'Espagne ne contient que les espèces recueillies par un seul observateur, qui n'a pu consacrer que trois mois à l'étude de toutes les formations géologiques représentées dans les anciens royaumes d'Aragon et de Valence, et dont l'étage aptien par conséquent ne forme qu'un faible contingent.

On peut donc prédire, sans crainte d'être démenti plus tard, que la faune aptienne de la péninsule espagnole, lorsqu'elle sera l'objet de recherches intelligentes et poursuivies avec soin, conservera la suprématie qu'elle a conquise en un seul jour, et pour ainsi dire d'un seul jet.

Après avoir mis en parallèle les richesses paléontologiques de l'étage aptien de l'Espagne et de celui de la Suisse, il ne sera pas sans intérêt de connaître les espèces communes à ces deux régions.

Elles sont indiquées dans la liste suivante.

Fossiles de l'étage aptien communs à l'Espagne et à la Suisse.

1. Ammonites Cornuelianus, Orbigny.
2. — furcatus, Sowerby.
3. — Gargasensis, Orbigny.
4. — Ivernoisi, Coquand.
5. — Martinii, Orbigny.
6. Anatina Robinaldina, Orb.
7. Aporrhaïs Rouxii, Pictet et Campiche.
8. Astarte laticosta, Deshayes.
9. — obovata, Sowerby.

10. Belemnites semicanaliculatus, Blanville.
11. Cardium Ibbetsoni, Forbes.
12. Cassiope Helvetica, Coquand.
13. — Lujani, Coquand.
14. Cerithium Forbesianum, Orbigny.
15. — Reynieri, Pictet et Roux.
16. Corbis corrugata, Forbes.
17. Corbula striatula, Sowerby.
18. Cyprina Saussuri, Pictet et Roux.
19. Epiaster polygonus, Orb.
20. Galerites Gurgitis, Pictet et Renevier.
21. Gervilia aliformis, Orbigny.
22. — anceps, Deshayes.
23. Heteraster oblongus, Orbigny.
24. Janira Morrisi, Pictet et Roux.
25. Holectypus similis, Desor.
26. Lima parallela, Morris.
27. Hinnites Favrinus, Pictet et Roux.
28. Mytilus æqualis, Obigny.
29. — Fittoni, Orbigny.
30. — sublineatus, Orb.
31. — subsimplex, Orbigny.
32. Natica Cornueliana, Orbigny.
33. — lævigata, Orbigny.
34. — Sucurii, Pictet et Renevier.
35. Nautiilus Lallerianus, Orbigny.
36. Nucula impressa, Sowerby.
37. Orbitolina lenticularis, Orbigny.
38. Ostrea aquila, Orb.
39. — Boussingaultii, Orb.
40. Panopæa neocomiensis, Orb.
41. — plicata, Roëmer.
42. Parasmilia Aptiensis, Pictet et Renev.
43. Pecten Dutemplei, Orbigny.
44. Pholadomya pedernalis, Pictet et Renev.
45. — Cornueliana, Orbigny.
46. Pinna Robinaldina, Orbigny.
47. — gigantea, Forbes.
48. Pleurotomaria gigantea, Sowerby.
49. Plicatula inflata, Sow.

50. Pterocera pelagi, Orbigny.
51. Pygaulus Desmoulinsii, Agassiz.
52. — ovatus, Pictet et Renevier.
53. Rhynchonella Gibbsiana, Davidson.
54. Salenia Prestensis, Desor.
55. — Triboleti, Desor.
56. Serpula antiquata, Sowerby.
57. — cincta, Goldfuss.
58. — filiformis, Sowerby.
59. Terebratula biplicata, Sowerby.
60. — sella, Sowerby.
61. — tamarindus, Sow.
62. Trigonia aliformis, Parkinson.
63. — caudata, Agassiz.
64. — longa, Agassiz.
65. — nodosa, Sowerby.
66. — ornata, Orbigny.
67. Turritella Charpentieri, Pictet et Roux.
68. Tylostoma Rochatiana, Pictet et Campiche.
69. Venus Vendoperana, Orbigny.

Ainsi comme on le voit, la moitié des fossiles de l'étage aptien de la Suisse se trouve représentée, à quelque chose près, dans la faune aptienne de l'Espagne.

Si nous comparons cette dernière à une région, qu'on peut aussi considérer comme classique pour l'étude du terrain aptien, et qui comprend principalement les départements de l'Yonne et de l'Aube, nous y verrons cet horizon nettement indiqué par les espèces suivantes.

Fossiles de l'étage aptien communs à l'Espagne et à l'Yonne.

1. Ammonites Cornuelianus, Orbigny.
2. — bicurvatus, Orb.
3. — fissicostatus, Philips.
4. — furcatus, Sowerby.
5. — Martinii, Orbigny.
6. — Matheroni, Orb.

7. Astarte laticosta, Deshayes.
8. — obovata, Sowerby.
9. Anatina Robinaldina, Orbigny.
10. Corbis, corrugata, Forbes.
11. Corbula striatula, Sowerby.
12. Cyprina inornata, Orbigny.
13. Echinospatagus argilaceus, Orbigny.
14. Gervilia anceps, Deshayes.
15. Janira Morisi, Pictet el Roux.
16. Lima Dupiniana, Orbigny.
17. — longa, Roëmer.
18. — parallela, Morris.
19. Mytilus æqualis, Orbigny.
20. — subsimplex, Orb.
21. Natica Cornueliana, Orb.
22. — lævigata, Orb.
23. Nautilus Lallerianus, Orb.
24. Nucula impressa, Sowerby.
25. Ostrea aquila, Orbigny.
26. — Boussingaultii, Orb.
27. — Leymerii, Deshayes.
28. Panopæa neocomiensis, Orbigny.
29. — plicata, Forbes.
30. Pholadomya Cornueliana, Orbigny.
31. Pecten Dutemplei, Orb.
32. Pinna Robinaldina, Orb.
33. Plicatula inflata, Sowerby.
34. P. placunea, Lamark.
35. Pterocera, pelagi, Orbigny.
36. Trematopygus excentricus, Pictet et Renev.
37. Trigonia carinata, Agassiz.
38. — longa, Agassiz.
39. — ornata, Orbigny.
40. Terebratula sella, Sowerby.
41. — tamarindus, Sow.
42. Venus Vendoperana, Orbigny.

Nous aurions pu rendre cette liste plus complète, en l'augmentant des espèces signalées dans l'Yonne par plusieurs auteurs et notamment par M. Cornuel. Nous nous sommes borné à une indication sommaire, mais suffisante, pour ne laisser planer aucun doute sur la contemporanéité de l'aptien Espagnol avec les étages du même âge de diverses parties de l'Europe.

L'examen de la liste suivante empruntée aux gisements de la Bedoule, de Gargas (Provence) et de la Clape (Aude), conduit à des résultats identiques.

Fossiles de l'étage aptien communs à l'Espagne et à la Provence.

1. Ammonites Cornuelianus, Orbigny.
2. — crassicotatus, Orb.
3. — Didayanus, Orb.
4. — Emerici, Orb.
5. — Feraudianus, Orb.
6. — fissicostatus, Philipps.
7. — furcatus, Sowerby.
8. — Gargasensis, Orbigny.
9. — Ivernoisi, Coquand.
10. — Martinii, Orbigny.
11. — Matheroni, Orb.
12. — Nisus, Orb.
13. Annatina Robinaldina, Orb.
14. Arca bicarinata, Coquand.
15. — dilatata, Coq.
16. Astarte obovota, Sowerby.
17. Belemnites semicanaliculatus, Blainville.
18. Chama Lonsdalii, Coquand.
19. Circe lunata, Coq.
20. Corbis corrugata, Forbes.
21. Echinospatagus argilaceus, Orbigny.
22. — Collegnoyi, Orb.
23. — subcylindraceus, Orb.
24. Gervilia aliformis, Orb.
25. Hamulina dissimilis, Orb.
26. Heteraster oblongus, Orb.
27. Holectypus similis, Desor.

28. Janira Morrisi, Pictet et Roux.
29. Lima Dupiniana, Orbigny.
30. — Orbignyana, Matheron.
31. — parallela, Morris.
32. Mytilus æqualis, Orbigny.
33. — Cuvieri, Matheron.
34. Natica Cornueliana, Orbigny.
35. Nautilus neocomiensis, Orbigny.
36. Nerinea Archimedis, Orb.
37. — gigantea, Hombre-Firmas.
38. — Renauxiana, Orbigny.
39. Ostrea aquila, Orb.
40. — Boussingaultii, Orb.
41. Orbitolina lenticularis, Orb.
42. Panopæa plicata, Forbes.
43. Pholadomya neocomiensis, Orbigny.
44. Pinna Robinaldina, Orb.
45. Platycyathus Orbignyi, Fromentel.
46. Pleurotomaria gigantea, Sowerby.
47. Plicatula inflata, Sow.
48. — placunea, Lamarck.
49. Pseudodiadema Malbosi, Cotteau.
50. Pterocera pelagi, Orbigny.
51. Pygaulus Desmoulinsi, Agassiz.
52. Rhynchonella Gibbsiana, Davidson.
53. Salenia Prestensis, Desor.
54. Serpula antiquata, Sowerby.
55. Terebratula biplicata, Sow.
56. — sella, Sow.
57. — tamarindus, Sow.
58. Thecocyathus cretaceus, Orbigny.
59. Toxoceras Honoratianum, Orb.
60. Trigonia carinata, Agassiz.
61. — caudata, Agas.
62. — Lamarckii, Matheron.
63. — longa, Agassiz.
64. — ornata, Orbigny.
65. — nodosa, Sowerby.
66. Venus latesulcata, Matheron.
67. — Vendoperana, Orbigny.

Nous avons omis, et à dessin, de faire figurer dans nos tableaux de comparaison les localités si fameuses de Vergons, d'Angles et de Barrême, dans les Basses-Alpes, à cause des incertitudes qui règnent encore sur les limites précises qu'il convient d'accorder aux étages néocomiens proprement dits et à l'étage aptien.

Pour démontrer que notre étage aptien d'Espagne correspond exactement en lower green sand des géologues anglais, il n'y a qu'à jeter les yeux sur la liste suivante qui comprend les espèces communes aux deux régions.

Fossiles de l'étage aptien communs à l'Espagne et à l'Angleterre.

1. Ammonites Cornuelianus, Orbigny.
2. — fissicostatus, Philipps.
3. — furcatus, Sowerby.
4. — Martinii, Orbigny.
5. — rotula, Sowerby.
6. — venustus, Phillips.
7. Astarte laticosta., Deshayes.
8. — obovata, Sowerby.
9. Cardium Ibbetsoni, Forbes.
10. Cerithium Forbesianum, Orbigny.
11. Chama Lonsdalii, Coquand.
12. Corbis corrugata, Forbes.
13. Corbula striatula, Sowerby.
14. Echinospatagus argilaceus, Orbigny.
15. Gervilia aliformis, Orb.
16. — anceps, Deshayes.
17. Janira Morrisi, Pictet et Roux.
18. Lima expansa, Forbes.
19. — parallela, Morris.
20. Mytilus æqualis, Orbigny.
21. — Fittoni, Orb.
22. — Cuvieri, Matheron.
23. Natica lævigata, Orb.
24. — Cornueliana, Orb.

25. Nautilus Lallerianus, Orbigny.
26. Nucula impressa, Sowerby.
27. Ostrea aquila, Orbigny.
28. — Boussingaultii, Orb.
29. — Leymerii, Deshayes.
30. Panopæa plicata, Forbes.
31. Pecten Dutemplei, Orbigny.
32. Pholadomya gigantea, Forbes.
33. Pinna Robinaldina, Orbigny.
34. Plicatula inflata, Sowerby.
35. — placunea, Lamarck.
36. Pleurotomaria gigantea, Sowerby.
37. Rhynchonella Gibbsiana, Davidson.
38. Serpula antiquata, Sowerby.
39. — filiformis, Sow.
40. Terebratula biplicata, Sow.
41. — sella, Sow.
42. — tamarindus, Sow.
43. Trigonia aliformis, Parkinson.
44. — nodosa, Sowerby.

Notre examen comparatif serait incomplet, si nous négligions de mentionner les rapports que notre aptien espagnol présente avec l'étage aptien de l'Amérique Méridionale, qui a presque toujours été confondu avec l'étage néocomien proprement dit. Ces rapports communs ressortent franchement de la liste suivante.

Fossiles de l'étage aptien communs à l'Amérique méridionale et à l'Europe.

1. Ammonites Didayanus, Orbigny. — Colombie.
2. — Dumasianus, Orb. — Santa-Fe-de-Bogota.
3. — galeatus, de Buch. — Santa-fe-de-Bogota.
4. — Thetis, Orbigny. — Colombie.
5 — Treffryranus, Karsten. — Colombie.

6. Ancyloceras Matheronianum, Orbigny. — Détroit de Magellan.
7. — simplex, Orb. — Détroit de Magellan.
8. Toxoceras nodosum, Orb. — Santa-Fe-de-Bogota.
9. Acteon Marullensis, Orb. — Colombie.
10. Natica Bogotina, Orb. — Colombie
11. — prælonga, Deshayes. — Colombie.
12. Aporrhaïs Americana, Coquand (*Rostellaria Americana*, Orb.) — Colombie.
13. Pholadomya pedernalis, Roëmer. — Colombie.
14. Leda scapha, Orb. — Santa-fe-de-Bogata.
15. Cardium subhillanum, Leymerie. — Nouvelle-Grenade.
16. — miles, Coquand. — Colombie.
17. Arca dilatata, Coq. — Colombie.
18. Inoceramus plicatus, Orbigny. — Santa-Fe-de-Bogota.
19. Trigonia abrupta, de Buch. — Nouvelle-Grenade.
20. — aliformis, Parkinson. — Colombie.
21. — Hondaana, Léa. — Colombie.
22. — longa, Agassiz. — Colombie.
23. Janira Morrisi, Pictet et Renevier. — Colombie.
24. Ostrea aquila, Orbigny. — Colombie.
25. — Boussingaultii, Orbigny. — Colombie.
26. Terbratula sella, Sowerby. — Colombie.
27. Pseudodiadema Malbosi, Cotteau. — Colombie.
28. Orbitolina lenticularis, Orbigny. — Colombie.

Il est facile de se convaincre par la comparaison des fosiles énoncés dans la liste précédente que l'étage aptien prédomine dans la représentation de la craie inférieure de l'Amérique méridionale, et que c'est à ce dernier, et non à l'étage néocomien, comme d'Orbigny le prétendait, qu'il convient d'attribuer sinon la totalité, du moins la majeure partie des coquilles de provenance américaine, décrites comme néocomiennes. C'est ainsi que la présence des *Trigonia abrupta*, *T. longa*, *T. Hondaana*, *Ancycloceras Matheronianum et A. simplex*, *Terebratula sella*, *Orbitolina lenticularis*, ne peut laisser subsister aucun doute sur la position des couches dans lesquelles ces corps organisés ont été recueilis; et d'un autre côté, si on discute la valeur des genres de la classe des Céphalopodes qui les accompagnent et qui sont spéciaux au nouveau continent, on verra que les Ammonites, par exemple, présentent des formes incompatibles avec celles de l'étage néocomien proprement dit, tandis qu'elles se rapprochent beaucoup plus des types aptiens; on verra surtout que les Céphalopodes à tours déroulés offrent la plus grande analogie avec cette famille si admirablement représentée dans l'aptien des Basses-Alpes et de la Basse-Provence.

Ainsi, parmi ces derniers, on trouve, dans l'Amérique Méridionale, les espèces suivantes :

Ancyloceras	Humboldtianus, Forbes,	Colombie.
—	Buchianus, Orbigny,	Idem.
Toxoceras	nodosus, Orbigny,	Idem.
Hamulina	Orbignyana, Orbigny,	Idem.
—	Degenhardtii, Orbigny,	Idem.
Ancyloceras	Matheronianus, Orbigny,	Magellan.
—	simplex, Orbigny,	Idem.
—	Beyrichii Karsten,	Colombie.
Lindigia	helicoceroïdes, Karsten,	Idem.
Baculites	Granatensis, Karsten,	Idem.
—	Maldonadi, Karsten,	Idem.

Il n'a a pas jusqu'à la *Crassatella Buchiana*, Karsten, qui complète cette analogie. Cette espèce est tellement voisine de notre *C. dædalea*, que sans la carène que cette dernière possède, et qui sert à la différencier, nous n'aurions pas hésité à identifier l'une avec l'autre. Il est facile de prédire que, lorsque l'Amérique Méridionale sera étudiée, au point de vue géologique, avec autant de persévérance que l'Amérique Septentrionale, la faune aptienne continuera à s'enrichir de nombreuses et nouvelles espèces, et qu'au lieu d'en compter, comme aujourd'hui, vingt-six de communes avec l'Europe, ce sera par centaines que la comparaison s'établira. On peut donc considérer comme plus que probable, en se fondant sur les données paléontologiques, que la formation aptienne compose dans le sud du nouveau continent, comme en

Espagne, la majeure partie de la craie inférieure et qu'il faudra distraire des catalogues la majeure partie des espèces décrites comme néocomiennes pour les attribuer à l'étage aptien.

Nous terminons notre revue par l'énumération des espèces aptiennes reconnues dans le nord de l'Afrique, et qui se retrouvent également en Espagne.

1. Ammonites Didayanus, Orbigny.
2. — Emerici, Orb.
3. — fissicostatus, Phillips.
4. — furcatus, Sowerby.
5. — Gargasensis, Orbigny
6. — Martinii, Orb.
7. — Nisus, Orb.
8. Arca dilatata, Coquand.
9. Belemnites semicanaliculatus, Blainville.
10. Caprina Baylei, Coquand.
11. Chama Lonsdalii, Coq.
12. Echinospatagus subcylindraceus, Orbigny.
13. Heteraster oblongus, Orb.
14. Janira Morrisi, Pictet et Roux.
15. Mytilus sublineatus, Orbigny.
16. Nerinea Archimedis, Orb.
17. — gigantea, Hombre-Firmas.
18. — Renauxiana, Orbigny.
19. Nautilus neocomiensis, Orb.
20. Nucula impressa, Sowerby.
21. Orbitolina lenticularis, Orbigny.
22. Ostrea aquila, Orb.
23. — Boussingaultii, Orb.
24. — Leymerii, Deshayes.
25. Panopæa plicata, Forbes.
26. — neocomiensis, Orbigny.
27. Periploma Verneuilli, Coquand.
28. Pholadomya Collombi, Coq.
29. — Hispanica, Coq.
30. — pedernalis, Roëmer.
31. — sphæroidalis, Coquand.
32. Plicatula placunea, Lamarck.

33. Pseudodiadema Malbosi, Cotteau.
34. Pterocera pelagi, Orbigny.
35. Pygaulus Desmoulinsi, Agassiz.
36. Rhynchonella Gibbsiana, Davidson.
37. Salenia Prestensis, Desor.
38. — Triboleti, Desor.
39. Serpula antiquata, Sowerby.
40. Terebratula biplicata, Sow.
41. — sella, Sow.
42. — tamarindus, Sow.
43. Trigonia carinata, Agassiz.
44. — Hondaana, Léa.
45. — ornata, Orbigny.
46. Venus Rouvillei, Coquand.

Nous ferons, relativement à l'Afrique, les mêmes remarques que pour l'Amérique Méridionale, c'est que les recherches ultérieures accroîtront considérablement le nombre des espèces déjà connues de l'étage aptien. C'est d'ailleurs un fait déjà accompli en partie ; car les découvertes faites récemment par MM. Brossard et Nicaise dans les Provinces de Constantine et d'Alger ont plus que doublé la liste que nous avons citée dans notre Paléontologie de l'Afrique septentrionale, et nous savons en outre, que M. Marès se dispose à publier incessamment les résultats de son dernier voyage dans la région des plateaux supérieurs de l'Atlas. Or, le coup d'œil rapide que nous avons jeté sur les collections intéressantes qu'il en a rapportées nous a démontré que l'étage aptien y est honorablement représenté.

Au moment même où nous livrons cette feuille à l'impression, M. Vilanova nous informe qu'il met la dernière main à un travail, qui a pour objet la description géologique de la Province de Teruel, travail qui sera accompagné de planches destinées à reproduire les types fossiles des terrains variés que l'on observe dans cette partie du Royaume d'Aragon. Il a bien voulu mettre sous nos yeux trois épreuves de ces planches, dont une se réfère aux terrains crétacés, et qui contient, avec des espèces qui lui sont restées inconnues, quelques espèces que nous décrivons dans ce mémoire. Comme ces épreuves ne sont accompagnées d'aucune dénomination et que, d'un autre côté, nous sommes privé de tout renseignement sur les gisements et les provenances, nous regrettons beaucoup de ne pouvoir mettre à profit les indications que doit renfermer l'œuvre encore inédite de l'habile professeur de Madrid; mais nous faisons des vœux pour qu'elle voie le jour au plus tôt, convaincu qu'elle provoquera d'une manière plus spéciale les recherches sur une contrée qui se recommande par tant de titres à l'attention du géologue et du paléontologiste.

TABLE ALPHABÉTIQUE

Ouvrages du même auteur :

Description géologique et paléontologique de la région sud de la province de Constantine, 1 vol. grand in-8°, avec 73 coupes et 1 atlas grand in-4° de 75 planches.
Chez Baillière et Savy, libraires à Paris.

Description géologique, minéralogique et paléontologique du département de la Charente, 2 vol. in-8°, avec cartes et coupes.
Chez les mêmes libraires.

Synopsis des animaux fossiles observés dans les départements de la Charente, de la Charente-Inférieure et de la Dordogne, in-8°.
Chez les mêmes libraires.

Description géologique du massif montagneux de la Sainte-Beaume, grand in-8°, avec coupes.
Chez les mêmes libraires.

www.ingramcontent.com/pod-product-compliance
Lightning Source LLC
Chambersburg PA
CBHW071702200326
41519CB00012BA/2594

9782011306845